贵州省典型县农业抗旱预警信息系统研究

张泽中　郝志斌　潘红卫
王小东　慎东方　齐青青　著

GUIZHOU SHENG DIANXING XIAN
NONGYE KANGHAN YUJING XINXI
XITONG YANJIU

U0238112

中国水利水电出版社
www.waterpub.com.cn
·北京·

内 容 提 要

　　本书是在水利部公益性行业科研专项项目"变化环境下贵州旱灾形成机理及管理信息系统"（201301039）支撑下完成的，是《喀斯特地区农业旱灾机理与抗旱减灾管理——以贵州省为例》一书的姊妹篇和相关管理系统的升级版。本书根据逐日的天气状况与气象要素资料，按季节性特点对其进行统计学分析，构建了利用未来多日的天气预报结果预测气象要素的方法，提高了干旱定量预测计算因子（作物耗水量和降水量）的精确性；在实时墒情监测数据和水量平衡、作物耗水、作物生产函数等理论基础上，构建了喀斯特地区农业干旱和旱灾预测方法，实现了预测参数（降水有效利用系数和作物系数等）的反向调节，提高了预测参数的准确性；考虑社会经济、水文与水利工程等综合情况，利用集对分析可展性，引入同化度等概念建立了以乡镇为单元的多元集对分析模糊预警模型，提高了农业干旱管理的预测和预警精度。同时，本书基于 B/S 架构的 WebGIS 系统，采用 ArcGIS Server 发布地图服务，应用 JavaScript 技术引用地图服务，进行前端设计和展示，通过 WCF 技术实现前台页面与后台数据之间的交互，将旱情旱灾预测、干旱预警等以 WCF 服务模式实现，提升了贵州省旱灾综合智慧化管理水平，为贵州省旱灾管理实现由被动抗旱向主动抗旱转变，提供科技支撑。

　　本书主要面向水利、农业、气象和应急等单位从事防灾减灾及相关工作的研究人员和其他专业技术人员。

图书在版编目（ＣＩＰ）数据

　　贵州省典型县农业抗旱预警信息系统研究 / 张泽中
等著. -- 北京 : 中国水利水电出版社, 2019.9
　　ISBN 978-7-5170-8024-4

　　Ⅰ. ①贵… Ⅱ. ①张… Ⅲ. ①农业－抗旱－预警系统
－信息系统－研究－贵州 Ⅳ. ①S423

中国版本图书馆CIP数据核字(2019)第207955号

书　　　名	**贵州省典型县农业抗旱预警信息系统研究** GUIZHOU SHENG DIANXING XIAN NONGYE KANGHAN YUJING XINXI XITONG YANJIU
作　　　者	张泽中　郝志斌　潘红卫　王小东　慎东方　齐青青　著
出 版 发 行	中国水利水电出版社 （北京市海淀区玉渊潭南路 1 号 D 座　100038） 网址：www. waterpub. com. cn E - mail：sales@waterpub. com. cn 电话：(010) 68367658（营销中心）
经　　　售	北京科水图书销售中心（零售） 电话：(010) 88383994、63202643、68545874 全国各地新华书店和相关出版物销售网点
排　　　版	中国水利水电出版社微机排版中心
印　　　刷	天津嘉恒印务有限公司
规　　　格	184mm×260mm　16 开本　17.25 印张　357 千字
版　　　次	2019 年 9 月第 1 版　2019 年 9 月第 1 次印刷
定　　　价	**128.00 元**

前　言
FOREWORD

　　旱灾除直接导致农业减产、食物短缺外，持续旱灾还导致部分地区土地资源退化、农业资源耗竭、生态环境破坏等，已成为制约经济社会可持续发展的瓶颈。从表现形式看，显性旱灾频次递增伴随隐性干旱隐患加大。偏离旱灾形成机理的传统抗旱模式，在获得短期农业产量的同时，也导致了农业系统的干旱累积，诱发一系列水文、地质和环境灾害，破坏了资源利用的代际平衡，制约了生态与社会和谐发展。

　　贵州地处我国西南，境内喀斯特充分发育，地貌以山地和丘陵为主，是全国唯一没有平原支撑且喀斯特山地环境典型的内陆高原山区省份。特殊的地形地貌特点导致区内干旱灾害频繁发生，因干旱社会经济损失愈趋严重。近年典型的旱灾有 2009—2010 年连年旱、2011 年夏秋连季旱、2013 年的夏旱，其伴生灾变链式演化对旱区社会经济发展产生了直接或间接的深度影响。

　　本书是在水利部公益性行业科研专项项目"变化环境下贵州旱灾形成机理及管理信息系统"（201301039）支撑下完成的，是《喀斯特地区农业旱灾机理与抗旱减灾管理——以贵州省为例》一书的姊妹篇和相关管理系统的升级版。本书的主要研究了根据逐日的天气状况与气象要素资料，按季节性特点对其进行统计学分析，构建了利用未来多日的天气预报结果预测气象要素的方法，提高了干旱定量预测计算因子（作物耗水量和降水量）的精确性；在实时墒情监测数据和水量平衡、作物耗水、作物生产函数等理论基础上，构建了喀斯特地区农业干旱和旱灾预测方法，实现了预测参数（降水有效利用系数和作物系数等）的反向调节，提高了预测参数的准确性，同时，根据实测墒情，动态调节初始土壤含水率，实现了模拟初始值对实际值的动态追踪，避免了预测结果的误差累积效应；在贵州典型县干旱预警研究方面，利用集对分析可展性，引入同化度等概念建立了多元集对分析模糊预警模型，并采用层次分析法（AHP）确定各指标权重。应用该模型对贵州省修文县、兴仁县各乡镇 2013 年 8 月份上、中、下旬发生干旱情况进行干旱预警；本书构建基于 B/S 架构的 WebGIS 系统，采用 ArcGIS Server 发布地图服务，应用 JavaScript 技术引用地图服务，进行前端设计和展示，通过 WCF（Windows

Communication Foundation，即是由微软开发的一系列支持数据通信的应用程序框架）技术实现前台页面与后台数据之间的交互，将旱情旱灾预测、干旱预警等以 WCF 服务模式实现；在基于水量平衡原理的基础上，对旱情旱灾预测服务模块的开发与应用，将旱情旱灾预测模型通过后台程序开发，以 WCF 服务模式实现，进行未来 5～10d 旱情灾情预测，该功能实现了干旱预警分析，并将未来旬干旱预警结果和实际发生的干旱等级存入后台数据库，为预警结果分析和模型校正提供数据支持，为贵州省旱灾管理实现由被动抗旱向主动抗旱转变提供科技支撑。

参与本书撰写的人员有：华北水利水电大学张泽中、潘红卫、王小东、齐青青，贵州省水利科学研究院商崇菊、黄丽、慎东方，贵州省水利水电勘测设计研究院郝志斌等。全书由张泽中、商崇菊统稿。

全体撰写人员通力合作，开展野外实地调查，进行了大量的资料分析工作，取得了丰硕的研究成果。本书在撰写过程中得到华北水利水电大学徐建新教授、李彦彬教授、雷宏军教授和贵州省水利科学研究院领导的悉心指导和大力支持；得到贵州省水利厅、水文局、气象局等多部门专家指导和贵州省兴仁县、湄潭县、修文县水务局等单位的大力配合。中国水利水电出版社对本书出版给予了大力支持，编辑为此付出了辛勤劳动，在此表示诚挚谢意！

限于作者水平有限，书中难免存在诸多不足之处，敬请读者不吝赐教！

作者

2019 年 8 月

于郑州　华北水利水电大学龙子湖校区

目 录
CONTENTS

第 1 章

绪　　论

1.1 研究背景

干旱是由于气象原因导致的缺水现象，是联合国政府间气候变化专门委员会（IPCC）所关注的热点之一，它具有出现频率高、持续时间长、波及范围广等特点，而旱灾，是由于干旱的累积而产生的灾难性后果，是世界上最严重的自然灾害之一，会导致水域干涸、作物干枯死亡甚至生态系统的毁灭性打击，尤其是周期性爆发的特大旱灾，往往形成灾变链式演化，具有更大的破坏性作用。

我国大陆东濒太平洋，西部耸立号称"世界屋脊"的青藏高原，大部分地区属于亚洲季风气候区，大气系统受海陆分布、地形等因素影响，气象要素时空分布严重不均。在时间分布上，大部分地区年内降水量约 60%～80% 集中在 5—9 月的汛期，甚至年径流由几次或一次降水形成，地表径流年际丰枯变化一般相差 2～6 倍，最大达10 倍以上，且往往出现连续枯水年段，天然来水过程与用水需水过程不相匹配；在空间分布上，水资源分布格局也与经济社会发展格局不匹配。特殊的自然地理和气候条件，决定了我国干旱频发且不可能从根本上消除。

根据历史旱灾资料，自公元前 206—1949 年的 2155 年中，共发生旱灾 1056 次，平均两年发生一次。1950—2010 年，全国发生严重、特大旱灾的年份为 24 年，发生频次为 41.2%。其中，1990—2012 年发生严重、特大旱灾的年份为 11 年，发生频次为 47.8%，旱灾发生频次高，且呈现明显增长趋势。20 世纪 50 年代每年因旱受灾面积达 1133 万 hm^2（1.7 亿亩），因旱粮食减产率为 2.5%；90 年代达到 2733 万 hm^2（4.1 亿亩），因旱粮食减产率则达 4.7%。特别是 20 世纪 90 年代以来，随着人口增长和城镇化发展进程的加快，旱灾的影响范围已经由原来的农业为主，逐步扩展到包括城乡生活、工业、生态等领域，其发生频率急剧增加，对社会经济和生态环境的影响也愈发严重。

为了保持经济平稳较快发展，保障和改善民生，推进农业现代化，促进区域协调发展，我国在积极应对气候变化、加强抗旱减灾工作等方面都做出了巨大努力。但鉴于目前我国抗旱减灾的总体严峻形势，今后一段时期仍任重道远。

贵州省位于中国西南喀斯特地区的腹心地带，喀斯特出露面积达 10.9 万 km^2，占全省土地总面积的 61.9%，生态环境极其脆弱，"工程性"缺水问题突出。该地区旱灾频发，素有"年年有旱情，三年一小旱，五年一中旱，十年一大旱"之称，具有明显的阶段性与连续性、区域性与插花型、严重的灾害性以及相对可控性等特点。近年来旱灾发生频率及其对社会经济的影响显著加大，典型的事件有 2009 年的秋旱、

2009—2010 年的连年特大干旱、2011 年和 2013 年的夏秋连季旱等。随着社会经济发展和人口持续增加，预计未来贵州省易旱地区将继续扩大，旱灾发生频率将进一步增加，因灾社会经济损失也随之持续上升。

近年来，频发的旱灾对社会经济造成了显著影响，旱情、旱灾的社会关注度迅速增加。与其他自然灾害相比，旱灾的发生、发展和演变过程更为复杂，且因旱损失都是非结构性损失，难以定量评估。当前在抗灾防灾时重汛轻旱观念依然严重，既在相关规范标准及其他相关技术文件中仍然以防洪减灾较多，旱情旱灾较少，不能满足抗旱减灾实际需求。目前，对旱情的监测、旱情预测、旱灾评估和管理等研究尚处于起步阶段，旱灾形成机理研究尚不成熟。加强干旱和旱灾损失预测，实现从被动抗旱到主动防旱的转变，是未来开展科学抗旱减灾工作的必由之路。本书针对贵州省典型县农业抗旱预警信息系统开展深入研究，为提升贵州省抗旱减灾工作水平具有重要的促进作用。

1.2　研究现状

1.2.1　农业旱灾预测

农业旱灾预测分为间接预测和直接预测两种方法，前者主要是通过对旱灾形成过程（干旱）的预测来预测旱灾，后者是直接对旱灾结果的预测来预测旱灾。旱灾形成过程主要是通过干旱指标进行评估和预测，旱灾结果通过由旱致灾的损失进行预测。以下分别介绍干旱预测和旱灾损失预测方法。

1.2.1.1　干旱预测研究

干旱类型一般包括气象干旱、水文干旱、农业干旱、社会经济干旱以及其他生命体的受旱，通常以气象干旱和农业干旱研究为主。国内外诸多专家对此都进行了有益的探索。

1. 基于气象指标的农业干旱预测研究

气象干旱方面的研究一般集中于气象指标上。

韩萍等（2008）利用不同时间尺度的标准化降水指数（SPI），运用 ARIMA 模型对关中地区进行 12 步预测。其结果表明：ARIMA 模型较适合 SPI3、SPI6、SPI9 序列的短期预测和 SPI12、SPI24 序列的长期预测。许文宁等（2011）将 Kappa 系数引入到关中平原地区的加权马尔可夫和自回归移动平均两种干旱预测模型的精度评价中，基于标准化降水指数和条件温度植被指数两种干旱指标，对干旱监测数据和模型预测数据建立误差矩阵，得到了错估误差、漏估误差、总体精度和 Kappa 系数 4 种评价指标的预测模型。其结果表明：当参与预测的样本数目增加到一定程度时，Kappa 系数可以更准确地评价模型预测精度。李艳春等（2008）建立了基于最长连续无降水日的宁夏不同程度干旱预测的概念模型。王澄海等（2012）利用一种新的基于广义极值分布干旱指数，结合我国 160 个气象台站的逐月降水资料建立了干旱预测模型。其结果表明：该方法与目前广泛使用的 CI 指数监测结果较为一致。李俊亭等（2010）利用河南省 1956—2008 年的降水量资料及 NCEP 的 500hPa 和 850hPa 风场资料，分析了河南省春季降水的气候特征，同时从短期气候角度对春季干旱进行了预测。陈涛等（2008）基于对环流特征量和干旱因子的方差分析，建立了干旱预测方程，对衡阳市 2006、2007 年的干旱预测取得了满意的效果。杨娟（2009）根据分布于贵州省 84 个气象台站 1971—2008 年的降水资料，计算分析标准化降水指数（SPI），并对比参考降水量距平百分率。其结果表明：SPI 能较好的应用于贵州地区的干旱监测业务。龙俐等（2014）采用贵州省 32 个代表站的逐日降水资料计算综合干旱指数 CI，利用累积频率的方法，进行干旱等级阈值修订，并根据修正前后的阈值对干旱的日、月、季、年等不同时间尺度变化以及干旱强度的空间分布、典型个例的持续性差异等进行对比分析。其结果表明：修正后的阈值与 CI 阈值等级范围上有细微的差别；修正后的指标在不同时间尺度以及干旱过程强度的分布范围等都比原指标偏大，且判断出来的干旱过程次数更多、连续性更强，能较好地反映贵州省干旱特征。

2. 基于土壤墒情的农业干旱预测研究

土壤干旱的重要指标是土壤水分含量（亦称"土壤墒情"），多采用田间、卫星监测或预测的方式获得。

赵同应等（1998）根据山西农业干旱规律，采用多种方法建立关键时段土壤水分预测模式，确定农业干旱指标进行预测。景毅刚等（2010）利用天气预测数据、土壤相对湿度观测值、地面植被等信息，分别建立了综合气象和综合农业干旱预测模型，开发了陕西省农业干旱预测预警系统平台。杨太明等（2006）利用卫星资料与土壤水分观测资料建立了安徽省旱灾预测模型。胡家敏等（2010）根据贵州省的参考作物日蒸散量、需水特性及土壤水分平衡原理，建立了贵州省烤烟地水分预测模型。祁宦等（2009）分别建立了逐旬降水、逐月和逐旬土壤墒情预测模型。王玉萍、房军（2009）为了研究不同栽培保水措施对烤烟水分利用效率以及对烟叶产质量的影响程度，根据烤烟生育期内烟地畦面进行施用保水剂、施用秸秆、秸秆覆盖、地膜覆盖和对照等保水处理试验对比，分析了不同保水抗旱栽培措施对土壤含水率、农艺性状和产量产值的影响。其结果表明：施用秸秆能很好地保水抗旱，对提高烟叶的总产量，提升中上等烟比例，增加产值等大有好处。于飞（2009）以影响贵州粮食作物最严重的两种农业气象灾害——干旱、秋风为主要研究对象，通过农业背景分析、灾害监测评估技术、灾害影响分析，建立贵州省首个农业气象灾害评估数据库，从气象、土壤、遥感三方面提出适合贵州喀斯特山地环境的干旱监测指标，构建秋风强度表征方法，实现干旱、秋风风险分析与影响评估。李涵茂等（2012）建立了基于前期降水量和蒸发量的土壤湿度预测模型，并进行试报和验证。

3. 基于作物生长机理的农业干旱预测研究

作物生长受旱主要是由于作物细胞缺水引起的代谢功能异常。因此，基于作物生长机理的干旱研究主要侧重于从光合作用和作物水分亏缺两个方面。

刘建栋等（2003）从作物代谢的角度利用辐射量子照度仪及便携式光合作用测定仪开展了华北地区冬小麦的水分胁迫实验，提出了农业干旱指数和农业干旱预警指数，进而建立了具有明确生物学机理的华北农业干旱预测模型，对华北大部分地区冬小麦干旱动态过程进行了模拟。康西言等（2011）利用冬小麦全生育期农业气象观测数据及常规气象资料，基于 Jensen 模型建立了河北冬小麦返青-拔节、拔节-抽穗、抽穗-乳熟、乳熟-成熟 4 个生育阶段的轻旱、中旱、重旱、严重干旱的干旱预测模型。其结果表明：模型的中旱、重旱、严重干旱预测正确率达 75.0%。赵艳霞等（2001）将作物生长模式引入冬小麦干旱识别和预测。其结果表明：该冬小麦干旱识别和预测模型具有较好的识别和预测能力。张秉祥（2013）以河北省冬小麦干旱综合监测模型为基础冬建立了小麦干旱预测模型，对土壤相对湿度指数、作物水分亏缺距平指数、降水量距平指数进行未来 10d 的预测。王备等（2011）利用贵州省黔西南州 1961—2010 年降水和气温资料，通过对历年降水量和蒸散量的变化分析得出：近 50 年来，黔西南州气象干旱的发生次数增多，强度增大；11 月处于越冬作物的播种期和幼苗生长期，作物耐旱水平低；因此，应该采取更积极、有效的措施加强该时段的农业抗旱。

4. 基于趋势预测模型的农业干旱预测研究

趋势预测是一种物理意义相对简明的干旱预测方法，其原理是假定干旱发生服从一定时空规律，可以利用历史资料并采用一定的数学模型进行预测的。常用的数学模型包括灰色灾变理论、马尔可夫预测、时间序列预测、神经网络、支持向量机等方法。

张遇春、张勃（2008）运用灰色系统的灾变预测方法，建立黑河各县区的灾变预测模型 GM(1，1)，对该地区未来一定时期内干旱发生的时间进行预测。刘俊民等（2008）根据宝鸡峡灌区 1981—2003 年降水资料建立了灌区干旱年预测修正 GM(1，

1）模型。王英、迟道才（2006）利用阜新地区的实测降水量资料建立灰色预测 GM（1，1）模型对干旱灾害进行预测。王彦集等（2007）基于不同时间尺度标准化降水指数的干旱监测数据，采用加权马尔可夫链方法对关中平原和渭北平原未来干旱状态进行预测和分析。其结果表明：该方法对无旱预测比较准确，但随着干旱程度的加剧其预测能力也逐渐降低。姜翔程、陈森发（2009）提出一种用于农作物干旱受灾面积预测的加权马尔 SCGM(1，1)c 模型，适用时间短、数据少且随机波动大的动态过程预测，具有较高的精度。汪哲荪等（2010）结合马尔可夫链、自相关技术和熵权构建了可调整状态转移概率矩阵的改进马尔可夫链预测模型用于干旱强度指数状态预测中。罗哲贤、马镜娴（1997）利用混沌动力学对干旱进行预测。田苗等（2013）利用条件植被温度指数结合相空间重构与 RBF 神经网络模型建立了干旱预测模型，该模型的面上预测精度较好，适合关中平原的干旱预测研究。侯姗姗等（2011）利用混沌和相空间重构理论并与径向基函数神经网络模型相结合，建立了基于条件植被温度指数（VTCI）的干旱预测模型，结果表明干旱预测结果精度较高。樊高峰等（2011）根据干旱与气候因子的非线性复杂关系建立了 SVM 方法，利用 8 月南方涛动指数、副高强度指数、极涡强度指数等 15 项因子，基于径向基核函数建立浙江省秋季的干旱预测模型，结果表明该模型对秋季干旱预测准确率较高。迟道才等（2013）针对支持向量机参数人工选择的盲目性和依靠经验的缺陷，采用遗传算法优化支持向量机的参数建立了浑河流域干旱预测模型。张国桃（2004）基于变结构遗传算法建立了干旱预测的自回归模型。迟道才等（2006）运用时间序列分析对辽宁朝阳地区干旱年份进行预测。魏凤英（2003）根据华北地区干旱具有显著的年代际和年际变化的特性，利用奇异谱动力学重构的方法建立多时间尺度预测模型将干旱序列的年代际和年际时间尺度变化进行分离，然后分别建立两种时间尺度变化的预测模型，最后将两者进行组合，结果表明该模型能较好地反映华北干旱的变化趋势。李军等（2010）为预测贵州省黄壤墒情的变化趋势，采用时间序列的 ARIMA 模型进行研究，并用实测数据与模型的预测结果进行比较。吴战平等（2014）借助 IPCCAR4 最新的模式预估数据集，预估贵阳市 2011—2020 年夏季降水处于旱涝交替频发期，且从 21 世纪 20 年代初至 40 年代中期将处于少雨阶段，可能出现较长的干旱期。

5. 基于统计学方法的农业干旱预测研究

统计学方法是建立干旱影响结果与影响因素之间的某种关系，然后通过对这些影响因素的预测间接对干旱的影响或旱情等级进行预测。

郝润全等（2006）利用数理统计方法对内蒙古农区春旱和夏秋旱进行分析建立了干旱预测模型，可预测来年夏秋季干旱趋势。张存杰等（1999）建立了一种适合于西北地区干旱预测的 EOF 模型，利用均生函数法、多元回归法和典型相关法对模型进行了有效的预测试验，结果表明该模型对西北干旱有一定的预测能力。赵俊芳、郭建平（2009）选取蒸降差作为草原干旱指标建立生长季 4—9 月逐日统计预测模型，结果表明 4—8 月预测模型较为准确，9 月逐日统计预测偏差较大。李玉爱等（2001）利用多种统计学方法对大同市干旱进行预测。彭高辉等（2012）基于可公度理论中的 3、4、5 元可公度式统计了安徽省 1949—2006 年间严重干旱的可公度数，预测和验证了 2007—2011 年间可能发生严重干旱及特大干旱。王志南等（2007）用逐步回归方法，按点、时段分别建立干旱预测模式群，并利用最优化理论求解了较优集成权重组合。林盛吉等（2012）利用 1961—2000 年 NCEP 集合、主成分分析及支持向量机建立大尺度气候预测因子与各月降水的统计降尺度模型，应用于三种全球气候模式 HadCM3、CCSM3、ECHAM5 预测未来钱塘江流域干旱，结果表明多时间尺度 SPI 更符合钱塘江流域的实际情况。韩爱梅等（2007）利用最优子集回归方法对大气环流特征量、500hPa 高度场、西太平洋海温场、地面气象要素等因子与旬降水量距平百分率和旬降水量距平等级关系的分析建立区域干旱指数预测方程。白玉双等（2007）利用呼伦贝尔地区 40 年短期气候资料，采用多元回归方法预测了春末至初夏干旱趋势。刘义军、唐洪（2003）通过分析全区初夏降水量、水汽压、气温、日照时数和 10cm 平均地温之间以及与前期冬季之间的相关性，提出了针对西藏主要农区夏干旱预测的热力概念模型。

1. 2. 1. 2　旱灾预测研究

旱灾损失预测的研究主要集中在粮食作物产量和经济损失上。龚宇、张红红（2011）利用唐山地区夏粮作物旱灾面积，从产量损失和经济损失两方面对旱灾损失进行了估算。段晓凤等（2012）在分析历年旱灾情况的基础上，建立了反映土壤水分供应状况和降水状况的旱灾累计指数评估模型，评估宁夏中部干旱带和南部山区各县冬小麦产量，结果表明该模型能够较准确地反映旱情和小麦产量。丛建鸥等（2010）通过对冬小麦生育期不同程度水分胁迫下的生长、产量及生理指标和冠层高光谱反射率监测，建立冬小麦减产率与生长、生理及冠层光谱反射率的相关模型。薛昌颖等（2003）利用河北及京津地区 53 年的冬小麦实际产量资料，采用直线滑动平均法分离出趋势产量和气象产量，分析了该区在干旱气候条件下冬小麦不同减产率范围出现的概率。蒲金涌等（2005）运用统计学方法分析了气象因子对冬小麦产量的影响，建立了气候产量预测模型并评估了甘肃省冬小麦种植风险程度。肖志强等（2002）从冬小麦生长关键时段所对应的农业气象条件入手，建立均生函数预测模型预测春旱指数和冬小麦的产量。金彦兆等（2010）通过对甘肃省近 58 年长系列干旱受灾面积、成灾面积与因旱粮食损失的分析，分别建立了干旱半干旱区基于旱灾受灾面积、成灾面积和时间变化的二元因旱粮食损失评估模型。张琪等（2011）利用辽宁省朝阳市 1970—

2006年逐旬降水量数据和玉米产量数据，采用多尺度SPI指数、判别式分析法、滑动直线平均法建立玉米旱灾风险预测模型，研究表明，将多尺度SPI与判别式分析法相结合进行风险预测准确率较高，尤其适合于干旱为主导灾害的地区。于飞等（2009）为了明确贵州省不同区域内主要农业气象灾害类型以及综合研究农业气象灾害的风险，以县为基本评价单元，基于信息扩散理论、不确定性理论以及风险矩阵法，对贵州省8种主要农业气象灾害风险进行综合评价与区划；利用聚类分析将贵州省分为5类农业气象灾害风险区域，以不同聚类区域为研究对象进行灰色关联分析，在灰色关联分析基础上建立了贵州省综合农业气象灾害风险评价模型，并计算了贵州省各县的综合农业气象灾害风险性，利用GIS空间分析进行综合农业气象灾害风险区划，区划结果表明：贵州省农业气象灾害高风险区主要分布在西部及中部地区，低风险区域主要分布在南部地区以及东部地区。

1.2.2 干旱预警

在干旱预警研究与服务方面，国外主要采用统计模式和马尔柯夫链转移概率，利用与降水有关的因子、标准化降水指数开展干旱预警。Kumar用1963—1987年印度佐代普尔区的资料建立了农业干旱预警系统预测主要粮食作物珍珠粟的产量；采用由降水资料衍生而来的播种延迟日期、月降水量、月降水日数等因子建立多元线性回归模型IW在作物收获一个月前估计其产量，建立最终预警模型FW在作物即将收获的时候估测作物产量，模式验证结果超过74%和81%的产量变化可以分别由IW和FW模式解释。1988—1991年的数据验证模型时，估测产量的绝对误差分别是18.5%和11.2%。通过改进，模型得到进一步的优化。Kumar（2009）又采用生长季累计土壤湿度指数（CSMI）、8月降水天数和播种期延迟日数建立逐步回归方程；改进的模型将印度珍珠粟产量预测的绝对误差从18.5%降低到13.7%，作者认为土壤湿度指数和其他与降水有关的变量可以用于开发其他干旱地区的预警模式。

徐启运等（2005）通过分析我国干旱预警现状，结合国家社会预警体系建设，提出我国4级干旱预警应急等级、预警管理和综合预警标准，并将全国划分为特旱、重旱、干旱3类预警区；重点探讨了干旱预警系统建设的目标、行动计划，以及干旱预警5大系统建设内容等，在东北-西南走向"川"字形的干旱预警分类中，西部年降水量400mm以下的地区为特旱区，中部为重旱区，东部沿海为干旱区。

顾颖等（2006）建立了干旱预警指标体系，指标包括主要控制站流量、面均雨量、作物综合缺水率和粮食估计减产率。实践证明，应用以干旱风险技术为核心的干旱预警系统对农业干旱进行预警是切实可行的，并可以分析出各时段不同程度干旱发生概率，通过应用马尔可夫链方法，可以得到各时段间干旱转移概率的稳定状况。因此，根据本时段所发生干旱的状况，就可以从干旱概率转移矩阵中查出下一时段发生不同程度旱情的概率。王让会、卢新民（2002）在 RS、GIS 及 GPS 等技术支持下，研究自然灾害的孕灾机理及过程，建立自然灾害的监测评价及预警系统。

王石立、娄秀荣（1997）开展了农业气象灾害预警技术研究，围绕我国农业气象灾害频繁且预警技术薄弱的问题，借鉴国内外有关气候预测和农业气象灾害预测的先进理论和方法，探讨农业气象与天气气候结合的途径，采用直接预报农业气象灾害方法、区域气候模式与农业气象模型相结合等多种手段，通过数理统计模型和机理性农业气象模型相结合，区域气候模式与作物生长模拟模式嵌套，长、中、短不同预报时效相结合，进行农业气象灾害预警预报。厉玉升等（2000）采用区域气候模式与土壤水分模型相结合的技术，建立黄淮平原农业干旱预警系统，其中土壤水分模型采用适合于黄淮平原冬小麦、夏玉米等作物的土壤水分平衡方程，试运行结果表明，利用区域气候模式和土壤水分模型构建的区域性土壤水分模型，土壤水分预报的平均相对误差在 15％以下，可以较好地模拟出土壤水分变化和干旱分布状况，适合用于土壤水分预报。

李凤霞等（2003）在干旱预警模式的建立时考虑了土壤水分、降水量、气温和未来降水趋势等因素的影响，建立干旱预警经验模式。冯蜀青等（2006）以遥感信息为主要信息源，结合土地利用/土地覆盖、高程、植被覆盖与植被类型等地理信息，扣除云、水、非植被地段的信息，结合预报的温度、降水量等资料，根据青海省气象灾害标准，将干旱划分为正常、轻、中、重 4 个等级，然后利用这个旱情等级分析结果、与准同时相的 MODIS 遥感资料计算的温度植被旱情指数、植被覆盖与植被类型进行匹配分析，提出不同作物干旱预警指标，制作旱情预警图。杨启国等（2006）通过对甘肃河东地区当前作物旱情指标的分析，选取了依据农田水量平衡原理而建立的作物水分供需比作为作物旱情指标，利用田间试验资料，建立了旱作小麦农田干旱监测预警指标模型，并确定出小麦旱情分级标准，对旱作物旱情的监测预警最终归结为与同期的降水、土壤水分变化和农田实际蒸散量三因素有关。因此，只要获得这三因素的相应计算式，建立作物旱情指标模型，就可开展对作物旱情的监测预警。席北风等（2007）用旬降水量距平百分率，土壤相对湿度距平百分率等构建综合干旱指数，并指定预警标准，开展干旱预警。景毅刚等（2010）根据自干旱监测产品制作日起后 15d 内保证率大于 80％降水量，利用简化农田水分平衡方程计算土壤含水量，结合土壤容重、田间持水量和凋萎湿度，计算土壤的相对湿度，再按照中国气象局规定的土壤相对湿度划分干旱标准得出相应的干旱等级，作为预警未来干旱发展演变的程度。杨永生（2007）从农业生产实际出发，引入能够判断作物受旱程度的毛管破裂含水量、凋萎含水量等土壤含水量指标来确定干旱指标，根据土壤水分平衡理论，建立干旱监测预警模型。

1.2.3 干旱管理系统

一些国家对本国干旱、旱灾以及抗旱减灾管理进行了不同程度的研究。印度的旱灾风险管理主要涉及两个方面：①旱灾监测、反应和救济机制；②干旱减灾机制。美国的抗旱研究相对深入，在研究本国旱灾规律、旱灾影响和国民抗旱减灾对策的基础上，制定了国家抗旱政策法案（The National Dought Policy），明确提出其抗旱减灾方针，同时成立国家干旱政策委员会（The National Drought Policy Commission），授权对本国抗旱方略进行研究，并向国会提出建议。新加坡国土淡水资源匮乏，地下水资源不足，汇水面积较小，通过收集储存雨水以及中水的过滤、反向渗透、紫外线消毒等技术处理解决居民日常用水。Wllhite 等认为预防性的风险管理方法对干旱管理非常必要，要更加重视备灾和减灾行动的规划。Marchlldonetal 认为制度在降低人类旱灾脆弱性方面起着关键作用，制度在重塑农业易旱环境的努力中对地方、区域、国家和国际都是至关重要的。Wilhite 等认为减少旱灾脆弱性应发展防备计划和缓解措施，如干旱的季节性气候预报的生产和传播；提出建立旱灾影响报告，这是一个基于网络的影响评估工具和数据库；旱灾影响报告能记录旱灾的影响，并能作为主动的旱灾风险管理投资的核心参考资料；政策和其他决策者、科学界和广大市民都希望能从该报告的旱灾影响评估中获得预期的收益。Sonmezetal 认为旱灾的早期预警与规划是至关重要的，应该从危机管理转向风险管理，制定相应的应急计划。Janow 归纳了应对旱灾的策略，如作物多样化与选择，家畜多样化和牲畜迁移、职业多样化和主要食物来源的调整等。Ayers and Huq 强调了管理气候变化风险的战略。

李学举（2004）提出了"以防为主"是我国建立灾害管理体系的基础。张继权等（2012）利用自然灾害风险指数法、加权综合评价法和层次分析法，建立了农业干旱灾害风险指数（ADRI），用以表征农业干旱灾害风险程度；借助 GIS 技术绘制辽西北农业干旱灾害风险评价区划图，将风险评价区划图与 2006 年辽西北受干旱影响粮食减产系数区划图进行对比，发现两者可以较好的匹配。其研究结果可为当地农业干旱灾害预警、保险，以及有关部门的旱灾管理、减灾决策制定提供理论依据和指导。唐明、邵东国（2008）认为旱灾风险管理是一种政府及公共组织对潜在旱灾或当前旱灾所采取的预防、处理和消除旱灾等一系列控制行为。桑国庆（2006）则强调了旱灾发生前进行监测和预测的重要性。吕娟（2013）把干旱管理分为工程措施和非工程措施两个方面：工程措施包括蓄水工程、引水工程、提水工程、调水工程等工程体系；非工程措施由政策法规、抗旱规划、抗旱预案、抗旱信息管理、抗旱服务组织等组成。李智飞、胡泽华（2013）提出旱灾事件集合应对系统，将旱灾风险管理系统分为旱灾风险识别、旱灾风险分析、旱灾风险评价和旱灾风险管理，把旱灾风险管理同旱灾风险预测、旱灾风险识别划为同级，都作为独立体来考虑。王玉萍等（2006，2007）研究认为农村抗旱仍然是贵州省抗旱工作的重点，但对城市、生态抗旱要未雨绸缪，统筹考虑，实现抗旱工作与社会经济发展同步，提出了解决贵州旱灾问题的思路及战略重点。杨静，郝志斌（2012）分析评价了 2009 年 7 月至 2010 年 4 月贵州省发生的干旱旱情等级，并对水利工程抗旱减灾效益等进行评估。王玉萍等（2013）根据 1949 年以来贵州省水旱灾害及水利防灾减灾体系建设情况，从经济社会发展层面提出贵州省加强水旱灾害风险管理的战略需求；根据贵州省水旱灾害防灾减灾工作存在的薄弱环节，并提出今后水利防灾减灾的发展重点与方向。

1.3　研究区概况

1.3.1　自然地理

贵州省简称"黔"，位于我国西南地区东南部，地处 $103°36'\sim109°35'E$、$24°37'\sim29°13'N$ 之间，东毗湖南，南邻广西，西接云南，北连四川和重庆，东西长约 595km，南北宽约 509km，国土总面积为 17.62 万 km^2，占全国总面积的 1.84%。

贵州省地处云贵高原东侧第二梯级大斜坡上，是一个高起于四川盆地、广西丘陵和湘西丘陵之间的岩溶山区。境内地势西高东低，自中部向北、东、南三面倾斜，平均海拔在 1107.00m 左右，西部海拔在 $1600.00\sim2800.00m$，乌蒙山脉地势最高，最高点位于赫章县珠市乡韭菜坪，海拔 2900.60m；中部海拔 $1000.00\sim1800.00m$，苗岭山脉横亘贵州中部，是贵州省长江流域与珠江流域的分水岭；东北部的武陵山脉是乌江与沅江的分水岭，主峰梵净山海拔 2572.00m；北部的大娄山脉主峰白马山海拔 1965.00m。境内最低点黎平县地坪乡水口河出省界处，海拔为 147.80m。在地质上属扬子地台及其东南大陆边缘，以碳酸盐岩广布、喀斯特景观普遍发育为特征。地台基底中最老的中元古界四堡群只出露在东南黔、桂两省交界处；黔东北的梵净山群是一套裂谷型沉积，浅变质碎屑岩中夹有不止一个层位的枕状基性熔岩和幔源变镁铁、超镁铁质岩。新元古界下部有两处：黔东南广泛出露的下江群是一套变余砂岩、炭质板岩夹凝灰岩系；喀斯特地质所含有的大量碳酸盐在地下水的作用下逐渐溶解，从而在地下形成大量溶洞，这也是中国西南一带容易出现地陷、"天坑"地质灾害的主要原因之一。

贵州省属高原山区，地貌类型复杂多样，92.5% 的面积为山地和丘陵，是喀斯特地貌发育最典型地区之一。省内土壤分布不连续，土层厚度与地面坡度有关，地面坡度平缓区（小于 8°），土层厚度 1m 以上，地面坡度较陡地区（大于 15°），土层厚度在

0.5m 以下，有机质层在 0.10m 左右；平均土层厚度在 1m 以上的只占所有土壤面积的 14%。土壤的地带性属中亚热带常绿阔叶林红壤-黄壤地带，中部及东部广大地区以黄壤为主，西南部以红壤为主，西北部多为黄棕壤。此外，还有受母岩制约的石灰土、紫色土、粗骨土和水稻土等。总体情况为山丘土层薄，坡地土壤易受侵蚀风化，土质疏松易被冲刷，土层蓄水保墒能力差。

全省森林植被丰富，种类繁多，区系成分复杂，植被类型均属亚热带常绿阔叶林带。2017 年森林覆盖率达 55.3%，但森林资源分布不均，主要集中在黔东南的清水江、都柳江流域及黔西北赤水河流域的赤水市、习水县一带。

1.3.2　河流水系及气候

1.3.2.1　河流水系

贵州省分属长江流域和珠江流域。以中部偏南的苗岭为分水岭，以北属于长江流域，以南属于珠江流域。长江流域部分面积为 11.57 万 km^2，占全省总面积的 65.7%，分为乌江、沅水、赤水河-綦江、牛栏江-横江 4 个水系；珠江流域部分面积为 6.04 万 km^2，占全省总面积的 34.3%，分为南盘江、北盘江、红水河、都柳江 4 个水系。

贵州省河网密布，河流坡度陡，天然落差大，利于水电开发。长度在 10km 以上的河流共 984 条，其中，有 902 条河长为 10～50km，占河流总数的 91.7%；流域面积在 100km^2 以上的河流有 556 条，占河流总数的 56.5%；河网平均密度为 17.1km/100km^2，以东部锦江流域 23.2km/100km^2 最大，西部六冲河流域 14km/100km^2 最小。河流由西、中部向北、东、南方呈扇形放射，下切较深，一般为 200～500m，南北山区边缘地区可达 500～700m。

贵州省内径流主要由降雨形成，年均径流深为 200～1200mm，平均径流深为 602.8mm，长江流域为 587.4mm，珠江流域为 632.3mm。径流在年内分配极不均匀，枯水期出现在 12 月至次年 4 月，丰水期出现在 5—10 月，丰水期水量占全年总水量的 75%～80%。

1.3.2.2　气候

贵州属亚热带温湿季风气候区，全省年平均气温在 15℃左右，光照适中，雨热同季，气温变化小。南部红水河河谷地带与北部赤水河河谷地带属于高温区，年平均气温在 18℃以上；西北部的威宁至大方一带属低温区，年平均气温在 13℃以下。

贵州省平均年降水量为 1179mm，其中，长江流域平均为 1126mm，珠江流域平均为 1280mm。降雨分布不均衡,南部多于北部,山区多于河谷区。夏季(5—10 月)降雨最为集中,占年总降雨量的 75% 以上,降雨地区差异大,变化范围为 800~1700mm,总趋势是由东南向西北递减,山区多于河谷地区,迎风面多于背风面。降水量年际变化率为 0.12~0.14,但月降水变率则很大。

贵州相对湿度较大,年平均相对湿度除少数地区外,多在 80% 以上。春季和盛夏 7 月相对湿度较小,10 月至次年 1 月为高湿月份,平均达 80%~85%。蒸发量为 650~1300mm,以 7 月最大,1 月最小,分布趋势由东北向西南逐渐递增,北盘江下游河谷地区年增发量大,平均达 1200~1300mm。

1.3.3　经济社会

贵州省辖贵阳、六盘水、遵义、安顺、毕节、铜仁 6 个地级市,黔西南、黔东南、黔南 3 个自治州,有 7 个县级市、11 个民族自治县、70 个县(区、特区),1518 个乡(镇、街道办事处)。

根据《贵州省统计年鉴》,2017 年,贵州省年末总人口为 3580 万人,其中,城镇人口为 1647.52 万人,乡村人口为 1932.48 万人,城镇化率 46.02%。2017 年省内地区生产总值为 13540.83 亿元,其中第一产业增加值 2032.27 亿元,第二产业增加值 5428.14 亿元,第三产业增加值 6080.42 亿元,三次产业结构为 15:40:45,人均地区生产总值为 37956 元。财政总收入为 2648.31 亿元,固定资产投资为 15288.01 亿元,社会消费品零售总额为 4154.00 亿元。城镇常住居民人均可支配收入为 29080 元,农村常住居民人均可支配收入为 8869 元。

贵州是一个多民族省份,有汉、苗、布依、侗等 18 个世居民族。2017 年年末,民族自治地方年末常住人口 1372.93 万人,少数民族人口 1075.43 万人,年度地区生产总值 4243.99 亿元,人均生产总值 30912 元,公共预算收入 376.36 亿元。

2017 年,全省常用耕地面积为 175.49 万 hm^2,有效灌溉面积达 158.57hm^2,节水灌溉面积为 33.28 万 hm^2,旱涝保收面积为 74.20 万 hm^2;全省粮食作物播种面积为 305.12 万 hm^2,粮食作物总产量为 1178.54 万 t,年度农业产值为 2139.97 亿元。

1.3.4　水资源与水利工程基本情况

贵州省水资源主要来源于境内降水补给,以地表河川径流方式集中于河谷地区。境内河流多年平均径流量为 1062 亿 m^3,其中,长江流域占 64%,珠江流域占 36%。山区地下水流向与地表水流向基本一致,最终汇合为河川径流。境内水资源总量丰富,但因山高坡陡、河流比降大等因素,水资源开发利用程度不高,用水成本高,工程性缺水严重。

2017 年，贵州省水资源总量为 1051.51 亿 m³，人均水资源量为 2937m³；年度总用水量为 103.51 亿 m³，其中，农业灌溉用水 56.18 亿 m³，林牧渔畜用水 2.75 亿 m³，工业用水 24.85 亿 m³，城镇公共用水 6.78 亿 m³，居民生活用水 12.05 亿 m³，生态环境用水 0.90 亿 m³。

根据《贵州省第一次水利普查公报》（2013 年）：

（1）全省共有水库 2379 座，总库容为 468.52 亿 m³。其中，已建水库 2308 座，总库容为 431.56 亿 m³；在建水库 71 座，总库容为 36.96 亿 m³。

（2）全省共有水电站 1443 座，装机容量为 2040.54 万 kW。规模以上水电站有 792 座，装机容量为 2023.88 万 kW。其中已建水电站 725 座，装机容量为 1701.79 万 kW；在建水电站 67 座，装机容量为 322.09 万 kW。

（3）全省过闸流量 1m³/s 及以上水闸 164 座，橡胶坝 28 座。其中，在规模以上水闸中，已建水闸 27 座，在建水闸 1 座；分（泄）洪闸 2 座，引（进）水闸 7 座，节制闸 2 座，排（退）水闸 17 座。

（4）全省堤防总长度为 3199.44km。5 级及以上堤防长度为 1361.92km。其中，已建堤防长度为 1241.86km，在建堤防长度为 120.06km。

（5）全省共有泵站 9233 座。其中，在规模以上泵站中，已建泵站 1372 座，在建泵站 39 座。

（6）农村供水工程 43.43 万处，其中，集中式供水工程 6.64 万处，分散式供水工程 36.79 万处。农村供水工程总受益人口为 2737.81 万，其中，集中式供水工程受益人口为 1979.63 万，分散式供水工程受益人口为 758.18 万。

（7）全省共有塘坝 1.98 万处，总容积为 1.97 亿 m³；窖池 47.88 万处，总容积为 0.18 亿 m³。灌溉面积：共有灌溉面积 1339.10 万亩（不含烟水配套工程灌溉面积）。其中，耕地灌溉面积为 1318.42 万亩，园林草地等非耕地灌溉面积为 20.68 万亩。

（8）全省共有设计灌溉面积 1 万（含）～30 万亩的灌区 116 处，灌溉面积 140.17 万亩；1 万～50 万（含）亩的灌区 29587 处，灌溉面积为 787.68 万亩。地下水取水井：共有地下水取水井 30286 眼，地下水取水量 1.01 亿 m³。地下水水源地：共有地下水水源地 4 处。

1.3.5 旱灾情况

贵州属典型的季风气候脆弱区，不仅干、雨季分明，而且由于季风变化造成降雨时空分布不均，季节性干旱突发。加之境内地形起伏大，岩溶地貌发育强烈、土层浅薄、水渗透强、保水性差，使旱灾更为严重。

旱灾是贵州最主要的气象灾害。主要分为春旱、夏旱、秋旱、冬旱及冬春旱、春夏旱等多种类型。1950—2017 年均有旱灾。其中，重旱和特大干旱的年份有 1959—1963 年、1966 年、1972 年、1975 年、1978 年、1981 年、1985—1990 年、1991—1993 年、1995 年、1999 年、2001—2003 年、2005—2006 年、2009—2010 年、2011 年和 2013 年。夏旱是贵州省危害最大的干旱类型，其次是春旱和秋旱。

全省旱情发生季节总体呈现南北贯穿特点，且区域性和插花型特点突出。旱灾的分布特征是遵义市的赤水市，西部地区的威宁县、纳雍县、六盘水市以及黔西南州的晴隆县、普安县等地以春旱为主；中部地区的贵阳市和安顺市及遵义市大部分地区处在春夏连季旱易发区，该区域内夏旱和春旱均易发生；铜仁市全部、黔南大部、黔东南全部易旱的季节为夏（伏）旱。此外，如毕节市、赫章县，以及黔西南州的贞丰市、望谟市等地以冬旱插花型分布为主。

贵州省内各市（州）几乎全是干旱区，其中，贵阳市供水保证率相对比较高，为中旱低发区，而六盘水市、黔东南州、安顺市大部或局部地区为重旱低发区，毕节市中部、遵义市大部和黔西南州均为中旱区，而铜仁市大部为重旱高发区。

历年资料分析表明由于抗旱投入的增加抗旱减灾效益显著，因此，贵州省旱灾还具有相对可控性的特点。

1.3.6　抗旱管理

贵州省在历经 2009—2010 年百年一遇的特大干旱之后，于 2011 年 11 月颁布了《贵州省抗旱办法》。该办法从整体规划到局部工作分条概述了贵州省各级人民政府及各级企事业单位和个人依法参与抗旱工作的指导导向，涵盖了各级政府对该地区组织机构工作大方向的指导、抗旱预案内容框架、不同等级干旱灾害的抗旱措施及旱情缓解后的工作概述。骨干水源工程、引提灌工程和地下水（机井）利用工程被称为贵州省水利建设三大会战。

2009 年 7 月至 2010 年 5 月，贵州省遭遇有气象记录以来时间最长、范围最广、损失最大的旱灾，给全省经济社会发展和人民生产生活造成了严重影响。通过干部群众、人民解放军指战员、武警和公安消防官兵，从抗旱救灾前期准备、实施抗旱的救灾过程、灾后恢复重建等环节，全力开展抗旱救灾。整个过程中，贵州省投入 560 多万人抗旱救灾，共出动抗旱机具 6.48 万台套、车辆 4.92 万辆，抗旱浇地面积 549.9 万亩，为饮水困难群众拉水送水 480 万余 t，解决 593.3 万人、261 万头大牲畜的临时饮水困难。通过培训农民和设置示范点，大力普及"两杂"良种和科学种植技术，推广杂交水稻良种 1038.1 万 kg、杂交玉米良种 1833.7 万 kg，实施水稻旱育稀植 554.44 万亩、玉米育苗移栽 598 万亩。

2013年5—9月，降水量持续偏少，干旱再次"烤"验贵州。在旱情持续加剧的情况下，如何科学合理开发利用水资源，加快解决农村群众饮水安全问题，突破制约贵州发展的水利战略瓶颈，成为贵州省面临的最大问题。2013年9月，贵州省委、省政府做出了"水源工程""提排灌工程"和"地下水（机井）利用工程"——"三大会战"战略部署。工程总投资1465亿元，计划用8年时间，建设骨干水源工程538个，引提水工程158个，地下水开发利用1万余个，通过"三大会战"建设从根本上解决长期制约贵州省经济社会发展的工程性缺水难题。工程建成后，将新增年供水能力71亿 m^3，基本满足民生用水以及工业和城镇化发展用水需求，从根本上解决工程性缺水难题。

总结以往的抗旱管理工作，未来将在以下4个方面进一步提升和改进：

（1）重视"抗"，忽视"防"，抗旱减灾效果不显著。

（2）重视工程措施，忽视非工程措施，难以发挥工程设施的最大抗旱效益。

（3）重视行政手段，忽视经济、法律、科技手段，难以适应市场经济体制的要求。

（4）重视经济效益，忽视生态效益，难以满足经济社会可持续发展的要求。

抗旱工作应秉承经济效益与生态效益并重原则，努力提高全民意识，采取积极有效的抗旱措施，积极发展绿色经济、循环经济、低碳经济。

第 2 章

旱 灾 预 测 模 型

2.1 旱灾形成机制与预测方法

2.1.1 农业旱灾形成机制

旱灾的形成是一个复杂的动力学过程，由一系列因素共同作用，目前对旱灾形成机制的认识主要集中于定性和半定量的理论层面。具有代表性的是"孕灾-致灾-成灾"学说，该理论从致旱因子异常性、承灾对象脆弱性、供水单元供水能力三个方面的综合危险程度评估旱灾影响。

尽管上述成灾机制适用于所有的旱灾灾变过程，但对于不同的受灾对象，旱灾影响因素和形成过程有所不同。农业旱灾形成机制最为复杂：①下垫面（供水单元）水平衡要素构成多样；②下垫面水平衡要素呈复杂的非线性变化规律；③供水单元非固定不变；④作物不同生育阶段对旱灾的抵抗能力有所不同。

基于以上特点，农业旱灾演变需考虑干旱形成、旱情累积、旱灾爆发、旱灾扩展、旱灾消退和旱灾解除等过程。本书研究集中于旱灾形成层面，因此，旱灾形成机制主要考虑干旱形成、旱情累积、旱灾爆发三个过程。农业旱灾形成机制示意图如图2-1所示。

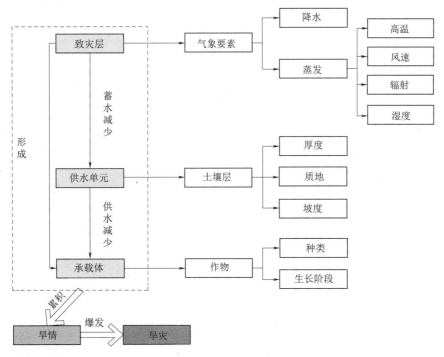

图2-1 农业旱灾形成机制示意图

2.1.2　干旱预测常用方法

1. 指标法

指标法又称之为经验公式法，是通过气象要素、田间水分等指标与旱情之间的统计学关系，构建的一种评价方法，当已知这些指标的预测值时，根据其对应的旱情等级，可预测未来的灾情状况。

2. 水量平衡方法

利用水量平衡方法可以根据现状田间水量状况，结合作物生长、下垫面状况和未来气象条件，就可以预测田间水量的变化，根据水量变化结合不同土壤水量的旱情界定就可以预测田间的旱情。

水量平衡方法是计算农田水量消长的一种简单有效的方法，不仅适用于旱作物，还适用于水田作物，一般方程为

$$\Delta W\big|_{t_0}^{t} = Q_{\text{in}}\big|_{t_0}^{t} - Q_{\text{out}}\big|_{t_0}^{t} \tag{2-1}$$

式中　$t_0 - t$——时段初和时段末；

　　　$\Delta W\big|_{t_0}^{t}$——$t_0 - t$ 时段内的计算单元水量改变量，m^3；

$Q_{\text{in}}\big|_{t_0}^{t}$、$Q_{\text{out}}\big|_{t_0}^{t}$——$t_0 - t$ 时段内计算单元的水量补给量和排泄量，m^3。

对于旱作物，水量平衡公式表示为

$$\{\Delta(\theta H)\}\big|_{t_0}^{t} = \{P_0 + I + G\}\big|_{t_0}^{t} - \{ET + L\}\big|_{t_0}^{t} \tag{2-2}$$

式中　θ——土壤体积含水率；

　　　H——计划湿润层深度，cm；

　　　P_0——有效降水量，cm；

　　　I——灌水量，cm；

　　　G——地下水上升补给量，cm；

　　ET——蒸腾蒸发量，cm；

　　　L——深层渗漏量，cm。

对于水田作物，水量平衡公式表示为

$$\{\Delta h\}\big|_{t_0}^{t} = \{P_0 + I + G\}\big|_{t_0}^{t} - \{ET + L\}\big|_{t_0}^{t} \tag{2-3}$$

式中　h——田间水深，cm；

其他变量意义同式（2-2）。

3. 土壤水动力学方法

与水量平衡方法类似，土壤水动力学方法也是基于田间水量变化来预测旱情的。

对于旱作物，在作物受旱条件下，按照蒸发条件下一维垂向非饱和土壤水分运动问题计算，土壤水分运动遵从连续方程和能量守恒定律，水流运动满足 Richards 导出的非饱和的达西定律，土壤水分运动的定解条件包括初始条件和上、下边界条件。

（1）初始条件：初始剖面的土壤含水量已知。

（2）上边界条件：连续无雨或降水量极少时，蒸发速率和降水量已知，属于第二类边界条件。

（3）下边界条件：由于比较接近地下水潜水位，θ 值变化很小，所以下边界取为第一类边界。

考虑在植物根系吸水和降水/蒸发作用下，土壤中水分运动的偏微分方程为

$$\frac{\partial \theta}{\partial t} = \frac{\partial}{\partial z}\left[D(\theta)\frac{\partial \theta}{\partial z}\right] - \frac{\partial K(\theta)}{\partial z} - S_r(z,t)\quad(0 \leqslant z \leqslant L, t \geqslant 0) \tag{2-4}$$

其初始和上、下边界条件分别为

$$\begin{cases} \theta(z,t) = \theta_i(z)\quad(0 < z < L, t = 0) \\ -D(\theta)\frac{\partial \theta}{\partial z} - K(\theta) = P_0(t) - E_s(t)\quad(z = 0, t \geqslant 0) \\ \theta(z,t) = \theta_L(t)\quad(z = L, t \geqslant 0) \end{cases} \tag{2-5}$$

式中 z——土壤剖面深度，cm；

     t——模拟时期的任意时刻，d；

     D——扩散率，$cm^2 \cdot d^{-1}$；

     K——导水率，$cm \cdot d^{-1}$；

     P_0——有效降水量，cm；

     S_r——根系吸水项，$cm \cdot d^{-1}$；

     E_s——棵间土壤蒸发强度，$cm \cdot d^{-1}$；

     L——模拟土层深度，cm；

     θ_i——i 时刻的土壤剖面含水率；

     θ_L——剖面底层含水率。

对于水田作物，考虑到稻田中土壤存在着饱和及非饱和过程，采用以土壤基质势为变量的土壤水分运动方程描述水流运动，即

$$C\frac{\partial h}{\partial t} = \frac{\partial}{\partial z}\left[K(\theta)\frac{\partial h}{\partial z}\right] - \frac{\partial K(\theta)}{\partial z} - S_r(z,t) \tag{2-6}$$

稻田积水阶段的初始和上、下边界条件为

$$\begin{cases} \theta(z,t) = \theta_s(z)\quad(0 < z < L, t = 0) \\ \theta(z,t) = \theta_0(t)\quad(z = 0, t \geqslant 0) \\ \theta(z,t) = \theta_L(t)\quad(z = L, t \geqslant 0) \end{cases} \tag{2-7}$$

稻田落干阶段的初始和上、下边界条件为

$$
\begin{cases}
\theta(z,t)=\theta_i(z) \quad (0<z<L,t=0) \\
-D(\theta)\dfrac{\partial\theta}{\partial z}-K(\theta)=P_0(t)-E_s(t) \quad (z=0,t\geqslant 0) \\
\theta(z,t)=\theta_L(t) \quad (z=L,t\geqslant 0)
\end{cases}
\tag{2-8}
$$

2.1.3 国内外研究现状

旱灾评估或预测方法主要分为统计学方法、模糊数学理论以及作物生长机理模型。

1. 统计学方法

旱灾是一个逐渐演化的过程，由干旱形成、旱情累积、旱灾爆发、旱灾扩展、旱灾消退和旱灾解除几个过程所组成，其关键是旱情的累积。因此，在一些研究中也采用统计学方法基于干旱累积指标来评估旱灾。如李天霄等（2017）基于黑龙江省 36个气象站的降水量数据和 12 个地级市及 1 个地区的农业相关数据，采用改进的MannKendall 检验法（简称 M-K 检验法），通过计算年降水量和季节降水量的趋势检验统计量 Z 值，揭示了黑龙江省降水量的变化趋势，进而分析了农业旱涝灾害的空间分布；唐国华和胡振鹏（2017）基于鄱阳湖流域公元 381—1949 年水旱灾害历史记录，通过改进水文统计中的 P-Ⅲ型频率曲线适线法，分别率定了公元 960—1949 年期间各湿润、干旱时期湿润指数的均值、方差和离差系数，研究了鄱阳湖流域历史水旱灾害的变化特征；何祖明和赵景波（2017）运用 1961—2014 年青岛、威海、烟台 3处地面气象观察站的日最高、最低和平均气温数据资料，通过线性拟合分析法、累计距平分析法、M-K 检验法、主成分分析法和 Moflet 复小波法，对世界气象组织发布的 9 种极端气温指数进行了统计分析，结果表明，鲁东区的气温呈升高趋势，容易引发旱灾，应加强农业旱灾预防。

2. 模糊数学理论

除了上述统计学方法研究旱灾，还有采用模糊数学理论构建旱灾评估模型，如王立坤等（2018）采用灰色关联度分析和改进 TOPSIS 模型，研究了黑龙江省西部半干旱地区 2009—2014 年农业旱灾脆弱性；黄路梅等（2017）从自然因素、社会因素、生态因素等 3 个层面选取 12 个指标，构建基于模糊灰色系统理论评价模型，对贵州省农业旱灾脆弱性进行初步探讨；赵宗权和周亮广（2017）利用江淮分水岭地区气象、遥感和社会经济统计数据，从旱灾致灾因子，承灾体，孕灾环境和防灾减灾措施

4 个方面选取了 8 个指标构建旱灾风险评估体系，通过主成分分析和分层构权主成分分析对该区 2000—2010 年旱灾风险等级分布进行了评价；张维诚和许朗（2018）利用河南省 23 个气象站 1971—2014 年逐日气象数据和气象站点所在县市夏玉米产量、种植面积等资料，基于 IPCC 对于脆弱性的定义，从物理暴露性、孕灾环境敏感性和适应能力 3 个因子出发，建立了河南地区夏玉米干旱脆弱性评估模型；殷鹏远等（2017）采用灰色预测系统 GM(1，1) 模型对洛阳地区旱灾进行预测；殷鹏远（2018）根据 1368—2016 年河南干旱灾害发生时间及灾情统计数据，建立线性回归模型和灰色预测系统 GM(1，1) 模型对干旱年份进行预测。

3. 作物生长机理模型

目前，对旱灾理论的研究，已从单纯的统计学试验或模糊综合评价发展到场地试验研究，通过作物生理生长和旱灾因子的响应机制研究旱灾，如，蒋尚明等（2018）依托大豆受旱胁迫专项试验，运用作物生长解析法构建了基于相对生长率（RGR）的大豆旱灾系统敏感性函数；崔毅等（2017）基于大豆水分亏缺试验，构建作物旱灾损失敏感性函数；王亚许等（2017）利用位于辽宁省内的 14 个国家气象站 1961—2013 年的气象数据，1996—2005 年各地市玉米产量及玉米生育期数据，构建了玉米产量预测的 APSIM 作物模型；潘东华等（2017）基于灾害系统理论，引入基于物理过程的农作物模型 EPIC，考虑西南喀斯特地貌背景，以水分胁迫累加值作为致灾因子，与玉米产量损失进行脆弱性曲线模拟，基于此开展不同石漠化程度区玉米旱灾产量的致灾和成灾损失风险评估。

2.2　旱情旱灾研究方法

2.2.1　旱情评估方法

根据《旱情等级标准》（SL 424—2008）对旱情进行评价，具体评价指标和评价标准如下：

（1）对于水浇地/旱地，区域代表性单一作物旱情指标采用相对湿度表示为

$$R_{wi} = \frac{\theta_i}{\theta_{FC}} \times 100\% \qquad (2-9)$$

式中　R_{wi}——第 i 天的土壤相对湿度，%；

　　　θ_i——第 i 天的土壤重量或体积含水率；

　　　θ_{FC}——与 θ_i 同单位的田间持水量。

表 2 - 1　　　　　　　　　　　　　干 旱 等 级 划 分 标 准

干旱等级	轻度干旱	中度干旱	严重干旱	特大干旱
土壤相对湿度 R_w /%	$50 < R_w \leqslant 60$	$40 < R_w \leqslant 50$	$30 < R_w \leqslant 40$	$R_w \leqslant 30$

（2）对于水田，区域代表性单一作物旱情指标采用缺水率表示为

$$W_{1i} = \frac{Q_{0i} - Q_{1i}}{Q_{0i}} \times 100\% \qquad (2-10)$$

式中　　W_{1i}——第 i 天的水田缺水率，%；

　　　　Q_{0i}——第 i 天的水田灌溉需水量，mm 或万 m^3；

　　　　Q_{1i}——第 i 天的水田可供灌溉水量，mm 或万 m^3。

表 2 - 2　　　　　　　　　　　　　干 旱 等 级 划 分 标 准

干旱等级	轻度干旱	中度干旱	严重干旱	特大干旱
水田缺水率 W_1 /%	$5 < W_1 \leqslant 20$	$20 < W_1 \leqslant 35$	$35 < W_1 \leqslant 50$	$W_1 > 50$

（3）区域（乡镇）单一作物旱情综合评价公式为

$$S_i^j = \frac{A_i^j}{A} \times 100\% \qquad (2-11)$$

式中　　S_i^j——区域第 i 天某作物处于第 j 旱情等级的面积比，%；

　　　　A_i^j——区域某作物处于 j 旱情等级的面积，亩或万亩；

　　　　A——区域某作物的总种植面积，亩或万亩。

2.2.2　灾情评估方法

采用阶段减产率区域代表性单一作物灾损指标计算式为

$$R_e = 1 - \prod_{i=1}^{s} \left(\frac{\sum ET_i}{\sum ET_{m,i}} \right)^{\lambda_i} \times 100\% \qquad (2-12)$$

式中　　R_e——计算时段内的减产率，%；

　　　　ET_i——第 i 天的作物耗水量，mm；

　　　$ET_{m,i}$——第 i 天的最大可能作物耗水量，mm；

　　　　λ_i——第 i 天的作物水分敏感指数。

表 2 - 3　　　　　　　　　　　　　旱 灾 等 级 划 分 标 准

旱灾等级	轻度旱灾	中度旱灾	严重旱灾	特大旱灾
减产率/%	$R_e < 10$	$10 \leqslant R_e \leqslant 20$	$20 < R_e \leqslant 30$	$R_e > 30$

区域（乡镇）单一作物旱灾综合评价公式为

$$D_j = \frac{A_j}{A} \times 100\%$$ (2-13)

式中　D_j——计算时段区域某种作物处于 j 旱情等级的面积比，%；

　　　A_j——计算时段区域某作物处于 j 旱灾等级的面积，亩或万亩；

　　　A——区域某作物的总种植面积，亩或万亩。

2.2.3　旱地/水浇地土壤水分预测

1. 土壤水分

旱作农田土壤含水率的递推公式为

$$\theta_i = \begin{cases} \dfrac{[\theta_{i-1}H_i + \theta_{i,H}(H_i - H_{i-1}) + P_{0,i} + I_i - ET_{i-1}]}{H_i} \cdot & \dfrac{[\theta_{i-1}H_i + \theta_{i,H}(H_i - H_{i-1}) + P_{0,i} + I_i - ET_{i-1}]}{H_i} < \theta_{FC}H_i \\ \theta_{FC} & \dfrac{[\theta_{i-1}H_i + \theta_{i,H}(H_i - H_{i-1}) + P_{0,i} + I_i - ET_{i-1}]}{H_i} \geqslant \theta_{FC}H_i \end{cases}$$

(2-14)

式中　θ_{i-1}，θ_i——第 $i-1$ 天、第 i 天的土壤含水率；

　　　H_{i-1}，H_i——第 $i-1$ 天、第 i 天的计划湿润层深度，mm；

　　　P_{0i}——第 i 天的降水有效利用量，mm；

　　　I_i——第 i 天的灌水量，mm；

　　　ET_{i-1}——第 $i-1$ 天的作物耗水量，mm。

参考已有研究成果，贵州省有效降水量的计算公式采用多参数分段函数法（古书鸿等，2017），即

$$P_0 = KP$$ (2-15)

式中　K——降水转化系数。

$$K = K_s K_p$$ (2-16)

式中　K_s——土壤含水率修正系数；

　　　K_p——降水强度修正系数。

其中，与前一日土壤相对湿度 TR_{i-1} 有关的分段函数表示为

$$TR_{i-1} = \frac{W_{i-1}}{W_{FC}} = \frac{\theta_{i-1} - \theta_w}{\theta_{FC} - \theta_w}$$ (2-17)

具体修正系数见表 2-4。

表 2 - 4　　　　　　　　　　计算有效降水量的修正系数 K_s 和 K_p 分段取值参考

土壤相对湿度 TR_{i-1} /%	K_s	降水量 P /mm	K_p
<70	1	<10	1
70~80	0.9	10~25	0.95
80~90	0.8	25~50	0.9
≥90	0.7	50~100	0.8
		≥100	0.7

表 2-4 中，未考虑土壤坡度、土壤质地等因素，因此在应用到贵州省具体县市时还要做进一步修正。

2. 作物耗水量

作物日耗水量 ET 的计算式（Allen et al.，1994，1998）为

$$ET = K_s K_c ET_0 \tag{2-18}$$

式中　　K_s——水分胁迫系数；

　　　　K_c——作物系数；

　　　　ET_0——参考作物需水量，mm。

3. 作物系数

根据作物生育期耗水特点，作物系数的计算分为

$$K_c = \begin{cases} K_{c,ini}, & 0 \leqslant t < t_1 \\ K_{c,mid}, & t_1 \leqslant t < t_2 \\ K_{c,end}, & t \geqslant t_2 \end{cases} \tag{2-19}$$

式中　　$K_{c,ini}$、$K_{c,mid}$、$K_{c,end}$——分别为作物生育初期、中期、成熟期的作物系数；

　　　　　　　　t——作物生长的天数，d；

　　　　　　t_1、t_2——分别表示作物生育初期和中期的临界时间点、成熟期临界时间点，以天计，d。

t_1、t_2 的划分方法可参照联合国粮食及农业组织（FAO）推荐计算的 ET_0 中的划分方法，也可根据当地实际情况划分。

（1）生育初期作物系数 $K_{c,ini}$。

$$K_{c,ini} = \begin{cases} K_{c,ini}^1, & I \leqslant 10\text{mm} \\ K_{c,ini}^1 + \dfrac{I-10}{40-10}(K_{c,ini}^1 - K_{c,ini}^2), & 10\text{mm} < I < 40\text{mm} \\ K_{c,ini}^2, & I \geqslant 40\text{mm} \end{cases} \tag{2-20}$$

式中　$K_{c,ini}^{1}$、$K_{c,ini}^{2}$——分别为 FAO 推荐的作物耗水量计算手册《FOA－56》中第 6 章图 29 和图 30 中的生育初期作物系数推荐值。

平均湿润深度 I 计算式为

$$I = \frac{\sum(P+I_w)}{n_w} \qquad (2-21)$$

式中　I——平均湿润深度，mm；

　　　P——作物生育初期的日降水量，mm；

　　　I_w——作物生育初期的灌水量，mm；

　　　n_w——作物生育初期的湿润次数。

（2）生育中期作物系数 $K_{c,mid}$。

$$K_{c,mid} = K_{c,mid}^{1} + \left[0.04(u_2-2) - 0.004(RH_{min}-45)\right]\left(\frac{h}{3}\right)^{0.3} \qquad (2-22)$$

式中　$K_{c,mid}^{1}$——FAO 推荐的作物耗水量计算手册《FOA－56》中第 6 章表 12 中的生育中期作物系数推荐值；

　　　RH_{min}——最小相对湿度，％；

　　　h——作物高度，m。

2m 高处风速 u_2 计算式为

$$u_2 = u_z\frac{4.87}{\ln(67.8z-5.42)} \qquad (2-23)$$

式中　u_z——10m 高处风速，m·s^{-1}；

　　　z——风速仪距地面高度，m。

（3）成熟期作物系数 $K_{c,end}$。

$$K_{c,end} = K_{c,end}^{1} + \left[0.04(u_2-2) - 0.004(RH_{min}-45)\right]\left(\frac{h}{3}\right)^{0.3} \qquad (2-24)$$

式中　$K_{c,end}^{1}$——FAO 推荐的作物耗水量计算手册《FOA－56》中第 6 章表 12 中的生育中期作物系数推荐值。

4. 水分胁迫系数

水分胁迫系数采用式（2－25）计算：

$$K_s = \begin{cases} 1 & c_1\theta_{FC} < \theta \leqslant \theta_{FC} \\ \dfrac{\ln\left(\dfrac{\theta-\theta_w}{\theta_{FC}-\theta_w}\times100+1\right)}{\ln101} & c_2\theta_{FC} < \theta \leqslant c_1\theta_{FC} \\ \alpha\ln\theta & \theta \leqslant c_2\theta_{FC} \end{cases} \qquad (2-25)$$

5. 参考作物需水量

（1）Penman – Monteith 公式。

$$ET_0 = \frac{0.408\Delta(R_n - G) + \gamma \dfrac{900}{T_{mean} + 273} u_2(e_s - e_a)}{\Delta + \gamma(1 + 0.34 u_2)} \qquad (2-26)$$

式中　ET_0——参考作物需水量，mm；

Δ——饱和水汽压曲线斜率，kPa·℃$^{-1}$；

R_n——地表净辐射，MJ·(m·d)$^{-1}$；

G——土壤热通量，MJ·(m^2·d)$^{-1}$；

γ——干湿表常数，kPa·℃$^{-1}$；

T_{mean}——日平均气温，℃；

u_2——2m 高处风速，m·s^{-1}；

e_s——饱和水汽压，kPa；

e_a——实际水汽压，kPa。

1）饱和水汽压曲线斜率 Δ 的计算式为

$$\Delta = \frac{4098\left[0.6108\exp\left(\dfrac{17.27T}{T+237.3}\right)\right]}{(T+237.3)^2} \qquad (2-27)$$

式中　T——日平均气温，℃。

2）净辐射 R_n 计算式为

$$R_n = R_{ns} - R_{nl} \qquad (2-28)$$

3）短波辐射 R_{ns} 计算式为

$$R_{ns} = (1-\alpha)R_s \qquad (2-29)$$

式中　α——取值为 0.23。

4）太阳辐射 R_s 计算式为

$$R_s = \left(a_s + b_s \frac{n}{N}\right)R_a \qquad (2-30)$$

式中　n——日照时数，h；

a_s——取值为 0.25；

b_s——取值为 0.50。

5）最大可能日照时数 N(h) 计算式为

$$N = \frac{24}{\pi}\omega_s \qquad (2-31)$$

6）日出时角 ω_s 计算式为

$$\omega_s = \arccos(-\tan\varphi\tan\delta) \tag{2-32}$$

式中　φ——纬度，rad；

　　　δ——太阳磁偏角，rad。

7）太阳磁偏角 δ（rad）计算式为

$$\delta = 0.409\sin\left(\frac{2\pi}{365}J - 1.39\right) \tag{2-33}$$

式中　J——日序，取值范围为 1～365（或 366），如 1 月 1 日取日序为 1。

8）日地球外辐射 R_a 计算式为

$$R_a = 37.6d_r(\sin\varphi\sin\delta\cos\omega_s + \cos\varphi\cos\delta\sin\omega_s) \tag{2-34}$$

9）日地平均距离 d_r 计算式为

$$d_r = 1 + 0.033\cos\left(\frac{2\pi}{365}J\right) \tag{2-35}$$

10）长波辐射 R_{nl} 计算式为

$$R_{nl} = \sigma\left(\frac{T_{\max,K}^4 + T_{\min,K}^4}{2}\right)(0.34 - 0.14\sqrt{e_a})\left(1.35\frac{R_s}{R_{s0}} - 0.35\right) \tag{2-36}$$

式中　σ——斯蒂芬-玻尔兹曼常数，$MK \cdot K^{-4} \cdot m^{-2} \cdot d^{-1}$ $\sigma = 4.903 \times 10^{-9}$。

11）晴空太阳辐射 R_{s0}：

$$R_{s0} = (a_s + b_s)R_a \tag{2-37}$$

式中变量意义同式（2-28）。

12）最高绝对温度 $T_{\max,K}$（开尔文，K）计算式为

$$T_{\max,K} = T_{\max} + 272.15 \tag{2-38}$$

式中　$T_{\max}$——日最高气温，℃。

13）最低绝对温度 $T_{\min,K}$（开尔文，K）计算式为

$$T_{\min,K} = T_{\min} + 272.15 \tag{2-39}$$

式中　$T_{\min}$——日最低气温，℃。

14）实际水汽压 e_a 计算式为

$$e_a = \frac{RH \times e_s}{100} \tag{2-40}$$

式中　RH——日平均相对湿度，%。

15）饱和水汽压 e_s 计算式为

$$e_s = \frac{eT_{\max} + eT_{\min}}{2} \tag{2-41}$$

$$eT_{\max} = 0.6108\exp\left(\frac{17.27T_{\max}}{T_{\max} + 237.3}\right) \tag{2-42}$$

$$eT_{\min} = 0.6108\exp\left(\frac{17.27T_{\min}}{T_{\min} + 237.3}\right) \tag{2-43}$$

16）干湿表常数 $\gamma(\text{kPa}/℃)$ 计算式为

$$\gamma = 0.665 \times 10^{-3} P \tag{2-44}$$

17）平均大气压 $P(\text{hPa})$ 计算式为

$$P = 101.3 \times \left(\frac{293 - 0.0065z}{293} \right)^{5.26} \tag{2-45}$$

式中　z——当地海拔高度，m。

18）日平均气温 $T_{\text{mean}}(℃)$ 计算式为

$$T_{\text{mean}} = \frac{T_{\text{max}} + T_{\text{min}}}{2} \tag{2-46}$$

（2）Hargreaves 公式。

$$ET_0 = \frac{c_0(T + 17.8)\sqrt{T_{\text{max}} - T_{\text{min}}}\, R_a}{\lambda} \tag{2-47}$$

式中　c_0——计算参数，R_a 的单位为 $\text{mm} \cdot \text{d}^{-1}$ 时取值为 0.0023，R_a 的单位为 $\text{MJ} \cdot (\text{m}^2 \cdot \text{d})^{-1}$ 时取值为 0.000939；

T_{max}、T_{min}——分别为日最高、最低气温，℃；

R_a——日地球外辐射，计算方法见式（2-34）。

（3）蒸发皿法。

$$ET_0 = K_p E_0 \tag{2-48}$$

式中　E_0——水面蒸发强度，一般采用直径 80cm 蒸发皿的蒸发量，$\text{mm} \cdot \text{d}^{-1}$，若用 20cm 口径的蒸发皿，则 $E_0 = 0.8E_{20}$；

K_p——蒸发皿系数。

1）较为经典的 K_p 方程（Snyder R L.，1992）为

$$K_p = 0.482 - 0.000376u_2 + 0.024\ln(FET) + 0.0045RH_{\text{mean}} \tag{2-49}$$

式中　u_2——2m 高处风速，$\text{m} \cdot \text{s}^{-1}$；

FET——上风方向缓冲带的宽度，m；

RH_{mean}——平均相对湿度，%。

2）FAO 给出的 K_p 计算式（Grismer M E et al. 2002）为

$$K_p = 0.108 - 0.0286u_2 + 0.0422\ln(FET) + 0.1434\ln(RH_{\text{mean}})$$
$$- 0.000631[\ln(FET)]^2\ln(RH_{\text{mean}}) \tag{2-50}$$

式中　其他各变量意义同式（2-48）。

（4）经验公式法。

利用 Penman-Monteith 公式计算的 ET_0 与某些气象要素之间建立数学关系来计算 ET_0 也是一种常用的方法。贵州省气象局已总结出一套指数公式，通过日最高气温即可以计算出 ET_0，即

$$ET_0 = k_1 e^{k_2 T_{max}} \qquad (2-51)$$

式中 k_1、k_2——常数；

T_{max}——日最高气温，℃。

部分典型县的 k_1、k_2 取值见表 2-5。

表 2-5   贵州省典型县 ET_0 指数模型经验公式参数取值表

典型县	k_1 取值	k_2 取值
湄潭县	0.3867	0.0698
修文县	0.4286	0.0762
兴仁县	0.4466	0.0886

2.2.4 水田水量预测

稻田的田间水分递推公式为

$$h_i = h_{i-1} + P_i + I_i - ET_{i-1} - L_i - D_i \qquad (2-52)$$

式中 h_{i-1}，h_i——第 $i-1$ 天、第 i 天的稻田水深，mm；

P_i——第 i 天的降水量，mm；

I_i——第 i 天的灌水量，mm；

ET_{i-1}——第 $i-1$ 天的稻田需水量，mm；

L_i——第 i 天的稻田渗漏量，mm；

D_i——第 i 天的稻田排水量，mm。

第 3 章

贵州省典型县旱情旱灾
预测研究

3.1 典型县选取

3.1.1 贵州省旱灾分布特征

从作物生长季旱情分布情况可知，春旱、夏旱和春夏连旱是贵州省干旱的代表性发生时段，主要分布区间从空间上来看，春旱位于贵州省西部，夏旱位于贵州省东部，春夏连旱位于贵州省中部。

从旱情严重程度空间特点可知，重旱位于贵州省东西两端，中旱在两者之间自北部一直延伸至西南。

3.1.2 典型县选取依据

根据干旱分布的空间特征，研究范围内的东、中、西地理位置具有代表性，结合气象、墒情监测资料的完备程度，本书选取了北部的湄潭县、中部的修文县和西南部的兴仁县分别代表夏旱、春夏连旱、春旱以及重旱、中旱、重旱与中旱过渡带 3 个典型区域作为贵州省干旱灾害预报的代表性县域。

3.2 典型县旱情旱灾预测

3.2.1 湄潭县旱灾预测模型

3.2.1.1 县域概况

1. 自然地理特征

湄潭县，隶属于贵州省遵义市，位于贵州省北部，地域呈南北狭长，东西宽 25.5km，南北长 96.5km，平均海拔为 972.70m，属亚热带季风性湿润气候，四季分明，雨量充沛，气候温和，年平均气温为 14.9℃，年均降水量 1000～1200mm。湄江河是该地区较大的河流。按地层岩性分类，岩溶地貌占三分之二，由于长期侵蚀，地形复杂，山地、丘陵、峡谷和盆地交错分布，生态环境脆弱，受季风影响明显，是气候变化的敏感区和脆弱区。

2. 社会经济概况

湄潭县国土面积为 $1864km^2$，辖区内共 3 个街道、12 个镇。湄潭县是典型的农业县，米业、茶叶、畜牧、烤烟、油菜是全县的五大优势产业，是农村经济发展的主要支柱。农业产业结构是以优质稻、茶叶、油菜、烤烟、辣椒、畜牧养殖等六大优势产业为主，以蔬菜、经果林、中药材、薯类作物种植为辅。湄潭县是"贵州茶业第一县"，所产"湄潭翠芽""遵义红""贵州针""湄江翠片"等品牌茶叶享誉中国。

3.2.1.2 作物种植与生长参数

本书主要对烤烟、油菜、小麦、玉米和水稻 5 种农作物进行研究，其生育阶段划分情况见表 3-1～表 3-5。

表 3-1 　烤烟生育阶段划分

生育阶段	还苗	伸根	现蕾	成熟
起止日期/(月.日)	5.20—5.27	5.28—6.21	6.22—7.21	7.22—9.21

表 3-2 　油菜生育阶段划分

生育阶段	播种-出苗	出苗-现蕾	现蕾-始花	始花-成熟
起止日期/(月.日)	9.27—10.6	10.7—(次年)2.18	2.19—3.19	3.20—5.19

表 3-3 　小麦生育阶段划分

生育阶段	播种-出苗	出苗-分蘖	分蘖-拔节	拔节-抽穗	抽穗-成熟
起止日期/(月.日)	10.8—10.15	10.16—(次年)2.8	2.9—3.9	3.10—3.20	3.21—4.30

表 3-4 　玉米生育阶段划分

生育阶段	拌种-出苗	出苗-拔节	拔节-抽穗	抽穗-灌浆	灌浆-成熟
起止日期/(月.日)	4.8—4.14	4.15—5.20	5.22—6.22	5.23—7.9	7.10—8.9

表 3-5 　水稻生育阶段划分

生育阶段	返青	分蘖	晒田	拔节	抽穗	灌浆	成熟
起止日期/(月.日)	5.20—6.1	6.2—7.6	7.7—7.13	7.14—8.4	8.5—8.19	8.20—9.3	9.4—9.26

参考贵州省各地灌溉制度制定方法，湄潭县旱作物的田间持水量（田间水深）为 50mm，结合贵州省气象部门监测的田间持水量（质量含水率）、凋萎系数（质量含水

率）分别为 0.2 和 0.05，得到计划湿润层深度为 250mm。

对于水田作物适宜田间持水量见表 3-6。

表 3-6 水稻不同生育阶段田间持水量（田间水深）

生育阶段	返青	分蘖	晒田	拔节	抽穗	灌浆	成熟
田间水深/cm	40	60	0	70	50	20	20～0

3.2.1.3 作物耗水量

1. 参考作物需水量 ET_0

图 3-1 是采用 Penman-Monteith 公式和 Hargreaves 公式利用湄潭站 2010—2018 年逐日气象数据计算的逐日参考作物需水量。

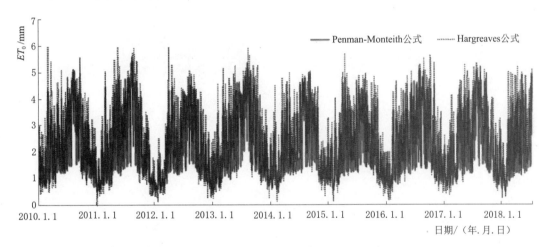

图 3-1 Penman-Monteith 公式和 Hargreaves 公式计算的 ET_0

Penman-Monteith 公式是联合国粮食及农业组织（FAO）推荐的 ET_0 计算方法，在世界范围内被广泛应用，是目前最权威的 ET_0 计算方法。另外，Hargreaves 公式也是计算 ET_0 的一种经典方法。Penman-Monteith 公式计算 ET_0 需要 5 个气象因子，分别为日最高气温 T_{max}、日最低气温 T_{min}、日平均相对湿度 RH、日照时数 n 和气象站风速 u_z，在天气预报中，这 5 个气象因子并不一定能够完全获得，而 Hargreaves 公式只需要两个气象要素（分别为日最高气温 T_{max}、日最低气温 T_{min}）就能计算出 ET_0，而日最高、最低气温在天气预报中一般是能够获得的，因此，如果能够确保 Hargreaves 公式计算的 ET_0 较为准确，就可以基于天气预报气象数据来进行干旱预报。

Penman-Monteith 公式计算的 ET_0 与 Hargreaves 公式计算的 ET_0 的进行相关

性分析，两者的相关系数 $R^2 = 0.8773$，且二者显著相关，这表明利用 Hargreaves 公式计算的湄潭县 ET_0 较符合实际。但从图 3-2 可以看出，两者的拟合曲线斜率小于 1，截距大于 0，表明 Hargreaves 公式计算的 ET_0 与 Penman-Monteith 公式计算的 ET_0 仍有一定的差距，需要做进一步的修正。采用指数模型建立了 Hargreaves 公式计算的 ET_0 与 Penman-Monteith 公式计算的 ET_0 之间的拟合关系，得到湄潭县修正的 Hargreaves 公式的 ET_0 计算公式为

$$ET_0 = 0.8291 e^{\frac{0.3212 c_0 (T+17.8) \sqrt{T_{max} - T_{min}} R_a}{\lambda}} \tag{3-1}$$

式中各变量的意义同式（2-45）。

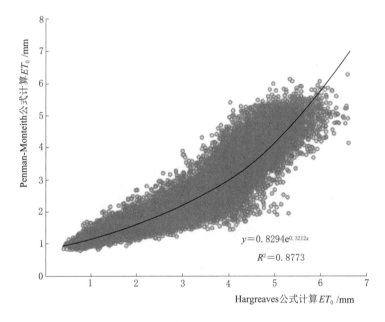

图 3-2　Penman-Monteith 公式计算的 ET_0 与 Hargreaves 公式计算的 ET_0 相关性分析

另外，通过分析大型蒸发皿测定的水面蒸发量计算的 ET_0 结果，利用式（2-49）的蒸发皿系数 K_p 计算出的 ET_0 明显比 Penman-Monteith 公式计算的 ET_0 偏大，而采用式（2-50）计算的 ET_0 与 Penman-Monteith 公式计算的 ET_0 较为接近。因此，主要采用式（2-50）计算的 ET_0。与 Penman-Monteith 公式计算的 ET_0 的相关性分析表明，两者的决定系数达 0.8704，且极显著相关，表明采用蒸发皿法计算的 ET_0 较为准确，从图 3-3 可以看出，两者的拟合曲线斜率小于 1，截距大于 0。因此，还需对蒸发皿法计算的 ET_0 进行修正。湄潭县修正的蒸发皿法的 ET_0 计算式为

$$ET_0 = 0.9624 K_p E_0 + 0.6145 \tag{3-2}$$

式中各变量的意义同式（2-48），K_p 的计算见式（2-50）。

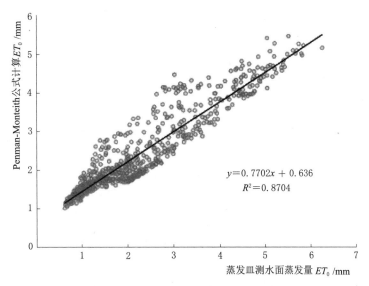

图 3-3　Penman-Monteith 公式计算的 ET_0 与蒸发皿法测定的 E_0 相关性分析

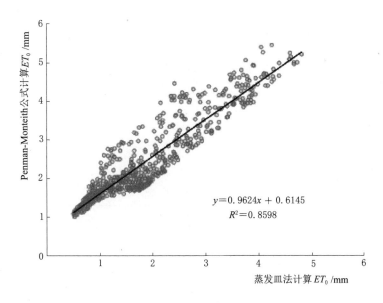

图 3-4　Penman-Monteith 公式计算的 ET_0 与蒸发皿法计算的 ET_0 相关性分析

　　在本书第 2 章介绍的 ET_0 计算方法中，经验公式法是一种最简单的方法。贵州省当地总结的指数模型仅有 1 个气象因子日最高气温 T_{max}，在天气预报中最高气温是常见的预报因子，因此最易获取，只要确定经验公式法较为可靠，就可以用来预报旱情旱灾。图 3-5 是采用经验公式法计算的 ET_0 与 Penman-Monteith 公式计算的

ET_0 的相关性分析，两者的决定系数 $R^2 = 0.7630$，且显著相关。这表明，经验公式法也比较符合湄潭县实际。根据两者的拟合关系，进一步对经验公式法进行修正，得到湄潭县修正的经验公式法的 ET_0 计算式为

$$ET_0 = 0.3635e^{0.0698T_{max}} + 0.7235 \qquad\qquad (3-3)$$

式中各变量的意义同式（2-51）。

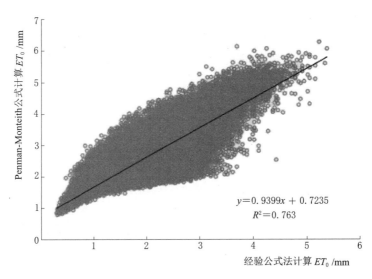

图 3-5　Penman-Monteith 公式计算的 ET_0 与经验公式法计算的 ET_0 相关性分析

2. 作物系数 K_c

5 种作物的作物系数见表 3-7～表 3-11。

表 3-7　　　　　　　　　　　烤 烟 作 物 系 数

生育阶段	还苗	伸根	现蕾	成熟
K_c	0.8	0.9	1.05	1

表 3-8　　　　　　　　　　　油 菜 作 物 系 数

生育阶段	播种-出苗	出苗-现蕾	现蕾-始花	始花-成熟
K_c	0.65	1.1	1	0.35

表 3-9　　　　　　　　　　　小 麦 作 物 系 数

生育阶段	出苗	分蘖	越冬	返青-拔节	拔节后
K_c	0.45	1.2	0.4	0.45	0.32

表 3-10 玉　米　作　物　系　数

生育阶段	拌种-出苗	出苗-拔节	拔节-抽穗	抽穗-灌浆	灌浆-成熟
K_c	0.4	0.75	1.2	0.8	0.55

表 3-11 水　稻　作　物　系　数

生育阶段	返青	分蘖	晒田	拔节	抽穗	灌浆	成熟
K_c	1.07	1.06	1.22	1.23	0.94	0.64	1.07

3.2.1.4 有效降水量

根据区域地形、坡度、耕层厚度等因素，对湄潭县降水有效利用系数进行修正，修正有效降水有效利用系数的两个参数 K_s 和 K_p 的取值方法见表 3-12。

表 3-12 降水量有效修正系数分段取值

土壤相对湿度 TR_{i-1}	K_s	降水量 P/mm	K_p
<0.7	1	<5	1
0.7~0.8	0.9	5~10	0.9
0.8~0.9	0.8	10~15	0.8
≥0.9	0.7	15~20	0.6
		≥20	0.5

3.2.1.5 预测结果分析

1. 烤烟油菜

图 3-6、图 3-7 可以看出，烤烟地的土壤水分计算结果与土壤墒情监测站的数据在趋势上，土壤含水率的峰值和谷值均能与监测结果对应，这表明在趋势上计算模型基本能反映烤烟、油菜田间墒情演变趋势。

2. 小麦-玉米

由图 3-8、图 3-9 可以看出，小麦-玉米生长期土壤水分动态变化趋势与土壤墒情监测站的数值在趋势上较相似。但 2013 年小麦-玉米生长期 4—6 月的实测值明显小于计算值。从 2013 年的降水过程来看，这个时期降水量丰沛，且有 20mm 左右的连续降雨事件发生，土壤含水率的监测值在这段时间并未有出现与降水时间响应的骤增突变情况，因此，这个时段土壤含水率的实测数据可能存在一定的偏差。2013 年

10月以后小麦生长期土壤含水率的实测值要明显大于计算值，从趋势上来看，这个时期土壤含水率有几次明显增大的突变。从降水时间来看，这几次突变对应的降水量较小，且持续时间不长，因此，这段时间的土壤墒情监测数据可能也出现一定的偏差，其他时段的土壤含水率计算值和监测数据均能较好地吻合。

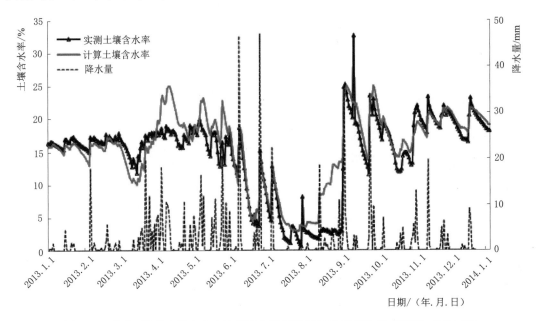

图 3-6　烤烟-油菜土壤含水率计算值与墒情监测站实测值比较（2013—2014 年）

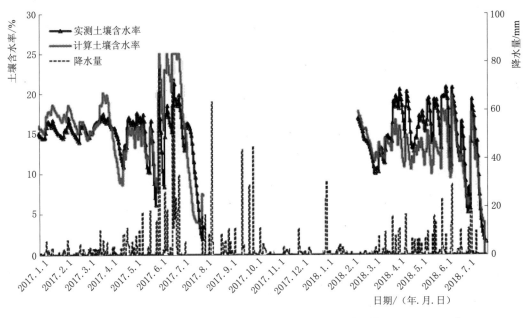

图 3-7　烤烟-油菜土壤含水率计算值与墒情监测站实测值比较（2017—2018 年）

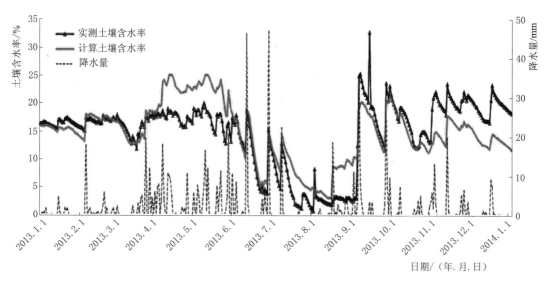

图 3-8　小麦-玉米地土壤含水率计算值与墒情监测站实测值比较（2013 年）

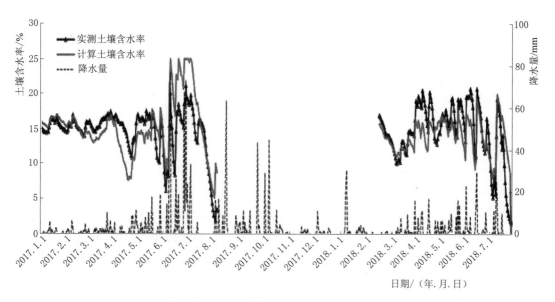

图 3-9　小麦-玉米地土壤含水率计算值与墒情监测站实测值比较（2017—2018 年）

3. 水稻

湄潭县 2017—2018 年气象条件下计算的水稻田间持水量（田间水深）变化情况显示，稻田有数次明显的灌溉响应事件，这与当地的实际基本相符。

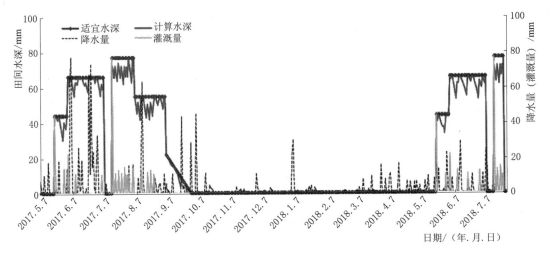

图 3-10　水稻田间持水量（田间水深）计算结果（2017—2018 年）

3.2.2　修文县旱灾预测模型

3.2.2.1　县域概况

1. 自然地理特征

修文县隶属贵阳市，位于贵州中部，地处北纬 26°45′～27°12′，东经 106°21′～106°53′。东面与乌当区接壤，南面与白云区毗邻、以猫跳河与清镇市为界，西面与黔西、金沙两县隔六广河相望，北面与息烽县交界。该地域河流属长江流域乌江水系，主要河流有乌江、猫跳河、修文河、平寨河、刘家沟河、鱼梁河等 12 条，流域面积为 240km²。修文县具有典型的喀斯特地形的特点，岩溶较发育，溶盆、溶洼、溶蚀残丘等岩溶地貌形态也千姿百态。修文县属亚热带季风湿润气候，冬无严寒，夏无酷暑，季风交替明显，降水较多，年降水量为 978～1239mm，雨热同期，年均气温为 13～15℃，全年日照为 1132.2～1139.2h。

2. 社会经济概况

修文县国土面积为 1075.70km²，辖区内 10 个乡（镇），217 个行政村，12 个社区，总人口为 31.13 万人。

3.2.2.2　作物种植与生长参数

修文县农作物主要有烤烟、水稻、玉米、油菜、茶、小麦等，本书主要对烤烟、油菜、小麦、玉米和水稻 5 种农作物进行研究，其生育阶段划分情况见表 3-13～表 3-17。

表 3-13　　　　　　　　　　　烤 烟 生 育 阶 段 划 分

生育阶段	还苗	伸根	现蕾	成熟
起止期/(月.日)	5.20—5.27	5.28—6.21	6.22—7.17	7.18—9.16

表 3-14　　　　　　　　　　　油 菜 生 育 阶 段 划 分

生育阶段	播种-出苗	出苗-现蕾	现蕾-始花	始花-成熟
起止期/(月.日)	9.24—10.1	10.2—(次年)2.9	2.10—3.12	3.13—4.27

表 3-15　　　　　　　　　　　小 麦 生 育 阶 段 划 分

生育阶段	播种-出苗	出苗-分蘖	分蘖-拔节	拔节-抽穗	抽穗-成熟
起止期/(月.日)	10.15—10.22	10.23—(次年)2.7	2.8—3.7	3.8—3.17	3.18—4.26

表 3-16　　　　　　　　　　　玉 米 生 育 阶 段 划 分

生育阶段	拌种-出苗	出苗-拔节	拔节-抽穗	抽穗-灌浆	灌浆-成熟
起止期/(月.日)	5.13—5.19	5.20—6.21	6.22—7.22	7.23—8.5	8.6—9.1

表 3-17　　　　　　　　　　　水 稻 生 育 阶 段 划 分

生育阶段	返青	分蘖	晒田	拔节	抽穗	灌浆	成熟
起止期/(月.日)	5.27—6.7	6.8—7.10	7.11—7.17	7.18—8.6	8.7—8.20	8.21—9.2	9.3—9.24

根据贵州省各地灌溉制度制定方法，修文县旱作物的田间持水量（田间水深）为 50mm，贵州省气象部门监测的田间持水量（体积含水率）、凋萎系数（体积含水率）分别为 0.43 和 0.1，得到计划湿润层深度为 116mm。

水田作物适宜田间水深见表 3-6。

3.2.2.3　作物耗水量

1. 参考作物需水量 ET_0

图 3-11 是采用 Penman-Monteith 公式利用修文站 2010—2018 年逐日气象数据计算的逐日参考作物需水量。

Penman-Monteith 公式计算的 ET_0 与 Hargreaves 公式计算的 ET_0 进行相关性分析，两者的决定系数 $R^2=0.8241$，且两者显著相关，如图 3-12 所示。采用指数模型建立了 Hargreaves 公式计算的 ET_0 与 Penman-Monteith 公式计算的 ET_0 之间的

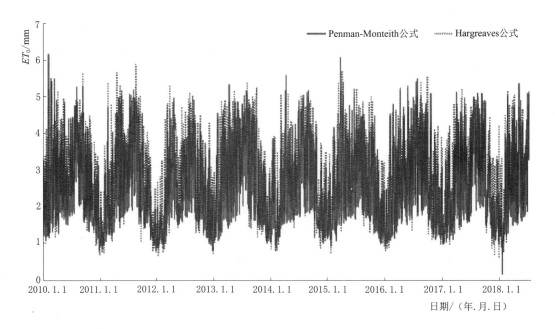

图 3-11　Penman-Monteith 公式和 Hargreaves 公式计算的 ET_0

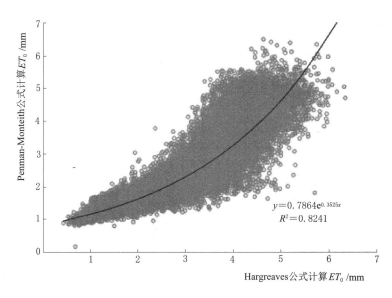

图 3-12　Penman-Monteith 公式计算的 ET_0 与 Hargreaves 公式计算
的 ET_0 相关性分析

拟合关系，即兴仁县修正的 Hargreaves 公式的 ET_0 计算式为

$$ET_0 = 0.7864 e^{\frac{0.3525 c_0 (T+17.8) \sqrt{T_{max} - T_{min}} R_a}{\lambda}} \tag{3-4}$$

式中各变量的意义同式（2-51）。

Penman－Monteith 公式计算的 ET_0 与蒸发皿法测定的 E_0 相关性分析，如图 3－13 所示。利用蒸发皿法计算的 ET_0 与 Penman－Monteith 公式计算的 ET_0 进行相关性分析表明，两者显著相关，如图 3－14 所示。

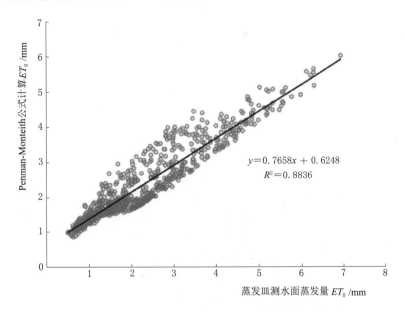

$$y=0.7658x+0.6248$$
$$R^2=0.8836$$

图 3－13　Penman－Monteith 公式计算的 ET_0 与蒸发皿法
测定的 E_0 相关性分析

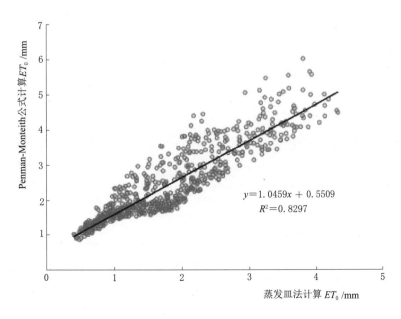

$$y=1.0459x+0.5509$$
$$R^2=0.8297$$

图 3－14　Penman－Monteith 公式计算的 ET_0 与蒸发皿法计算
的 ET_0 相关性分析

经验公式法计算的 ET_0 与 Penman-Monteith 公式计算的 ET_0 进行相关性分析，两者的决定系数为 0.7088，且显著相关，如图 3-15 所示。这表明，经验公式法也比较符合修文县实际。根据两者的拟合关系，进一步对经验公式法进行修正，得到修文县修正的经验公式法的 ET_0 计算式为

$$ET_0 = 0.3285 e^{0.0762 T_{max}} + 0.8254 \tag{3-5}$$

式中各变量的意义同式（2-51）。

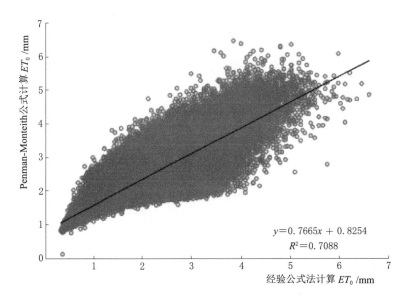

图 3-15　Penman-Monteith 公式计算的 ET_0 与经验公式法计算的
ET_0 相关性分析

2. 作物系数 K_c

5 种作物的作物系数见表 3-18～表 3-22。

表 3-18　　　　　　　　　　　　　烤 烟 作 物 系 数

生育阶段	还苗	伸根	现蕾	成熟
K_c	0.85	0.9	1.05	1.0

表 3-19　　　　　　　　　　　　　油 菜 作 物 系 数

生育阶段	播种-出苗	出苗-现蕾	现蕾-始花	始花-成熟
K_c	0.6	1.2	1.1	0.4

表 3－20		小 麦 作 物 系 数		
生育阶段	出苗	分蘖	越冬	返青-拔节	拔节后
K_c	0.44	1.18	0.31	0.42	0.32

表 3－21		玉 米 作 物 系 数		
生育阶段	拌种-出苗	出苗-拔节	拔节-抽穗	抽穗-灌浆	灌浆-成熟
K_c	0.62	0.7	1.3	0.8	0.5

表 3－22		水 稻 作 物 系 数				
生育阶段	返青	分蘖	晒田	拔节	抽穗	灌浆	成熟
K_c	1.05	1.1	1.25	1.3	1.05	1.0	1.1

3.2.2.4 有效降水量

计算有效降水量的相关参数取值见表 3－12。

3.2.2.5 预测结果分析

1. 烤烟-油菜

从图 3－16 可以看出，2013 年烤烟-油菜作物土壤水分计算值与墒情监测站数据

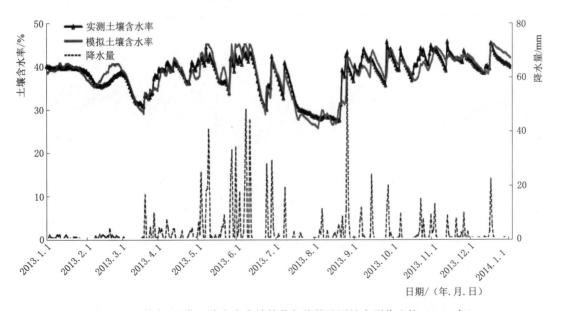

图 3－16 烤烟-油菜土壤含水率计算值与墒情监测站实测值比较（2013 年）

在趋势上吻合较好。2017—2018 年实测的土壤含水率一直保持稳定的数值,这与 2017—2018 年降雨过程不相符。因此,2017—2018 年的土壤墒情监测数据可能有一定的偏差,如图 3-17 所示。

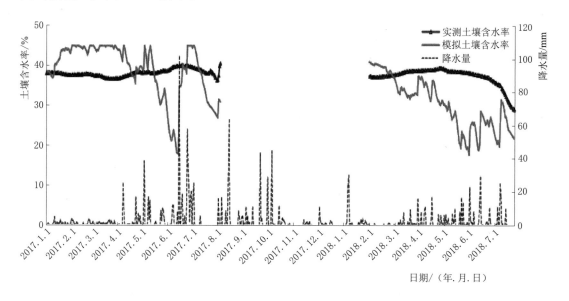

图 3-17　烤烟-油菜土壤含水率计算值与墒情监测站实测值比较(2017—2018 年)

2. 小麦-玉米

2013 年小麦-玉米整个生长期土壤水分动态变化趋势与土壤墒情监测站的数值基本一致,如图 3-18。2018 年 5—7 月玉米生长中期,土壤含水率的实测值一直处于较

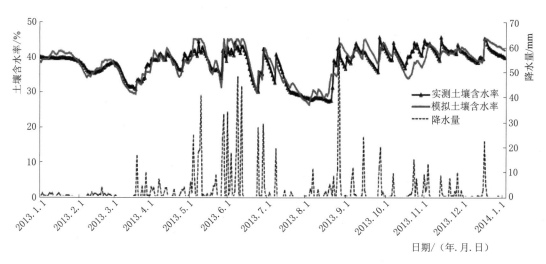

图 3-18　小麦-玉米地土壤含水率计算值与墒情监测站实测值比较(2013 年)

高的水平，而这个阶段蒸腾蒸发强烈，且降水量较小。因此，土壤含水量不会一直保持较高的水平，计算的土壤水分动态更符合实际，如图3-19所示。

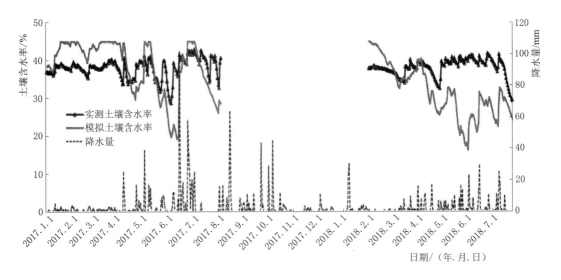

图3-19　小麦-玉米地土壤含水率计算值与墒情监测站实测值比较（2017—2018年）

3. 水稻

修文县水稻的田间持水量计算结果表明，田间持水量变化也显示了几次灌溉事件响应，与水稻种植管理的实际相符，如图3-20所示。

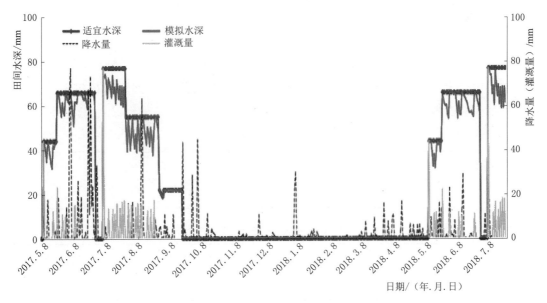

图3-20　水稻田间持水量（田间水深）计算结果（2017—2018年）

3.2.3　兴仁县旱灾预测模型

3.2.3.1　县域概况

1. 自然地理特征

兴仁县，隶属于贵州省黔西南州，位于贵州省西南部，东邻贞丰县，南接安龙县、兴义市，西界普安县，北接晴隆县，东北与关岭隔山江相望。地形西高东低，起伏较大，具有典型的溶蚀地貌和流水侵蚀地貌。该地区气候属于低纬高原型亚热带温和湿润季风气候，年平均无霜期为 281d，年平均气温为 15.2℃，极端最高气温为 35.5℃，极端最低气温为 −7.8℃，1978—2007 年的年平均降水量为 1333.09mm。

2. 社会经济概况

兴仁县国土面积 1785 余 km²，辖 4 个街道、8 个镇、6 个乡、134 个行政村、9 个社区、19 个居委会，农村人口占总人口的 94%，是典型的山区农业县。2009 年粮食总产 18.76 万 t，比 2005 年增长 7.2%，年均增长 1.44%。建成南部现代烟草农业示范区，2009 年烤烟产量实现 16.3 万担，比 2005 年增加 3.3 万担，烟农增收上亿元。苡仁米、茶叶、荸荠、芭蕉芋、水果等特色产业逐步发展壮大。草地生态畜牧业不断发展，草地改良及人工种草超过 4.2 万亩，2009 年畜牧业实现增加值 2.26 亿元，比 2005 年增长 26.9%。林业稳步发展，2009 年林业实现增加值 2632 万元，比上年增长 20.6%。

3.2.3.2　作物种植与生长参数

兴仁县农作物主要有烤烟、水稻、玉米、油菜、茶、小麦等，本书主要对烤烟、油菜、小麦、玉米和水稻 5 种农作物进行研究。根据贵州省水利科学研究院提供资料，作物生育阶段划分情况见表 3−23～表 3−27。

表 3−23　　　　　　　　　　　烤 烟 生 育 阶 段 划 分

生育阶段	还苗	伸根	现蕾	成熟
起止日期/（月.日）	5.20—5.27	5.28—6.21	6.22—7.17	7.18—9.16

表 3−24　　　　　　　　　　　油 菜 生 育 阶 段 划 分

生育阶段	播种-出苗	出苗-现蕾	现蕾-始花	始花-成熟
起止日期/（月.日）	9.24—10.1	10.2—（次年）2.9	2.10—3.12	3.13—4.27

表 3 – 25 小麦生育阶段划分

生育阶段	播种-出苗	出苗-分蘖	分蘖-拔节	拔节-抽穗	抽穗-成熟
起止日期/（月.日）	10.12—10.19	10.20—(次年) 2.11	2.12—3.12	3.13—3.23	3.24—5.4

表 3 – 26 玉米生育阶段划分

生育阶段	播种-出苗	出苗-拔节	拔节-抽穗	抽穗-灌浆	灌浆-成熟
起止日期/（月.日）	5.13—5.19	5.20—6.21	6.22—7.22	7.23—8.5	8.6—9.1

表 3 – 27 水稻生育阶段划分

生育阶段	返青	分蘖	晒田	拔节-孕穗	抽穗-扬花	灌浆	成熟
起止日期/（月.日）	5.27—6.7	6.8—7.10	7.11—7.17	7.18—8.6	8.7—8.20	8.21—9.2	9.3—9.24

根据贵州省各地灌溉制度制定方法，兴仁旱作物的田间持水量（田间水深）为50mm，贵州省气象部门监测的田间持水量（体积含水率）、凋萎系数（体积含水率）分别为0.485和0.15，则得到计划湿润层深度为103mm。

水田作物适宜田间水深同表3－6。

3.2.3.3 作物耗水量

1. 参考作物需水量 ET_0

图 3 – 21 是采用 Penman – Monteith 公式利用兴仁站 2010—2018 年逐日气象数据

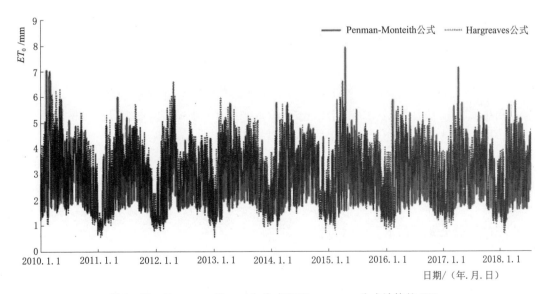

图 3 – 21 Penman – Monteith 公式和 Hargreaves 公式计算的 ET_0

计算的逐日参考作物需水量。

Penman - Monteith 公式计算的 ET_0 与 Hargreaves 公式计算的 ET_0 进行相关性分析，二者的决定系数 $R^2 = 0.824$，且二者显著相关，如图 3 - 22 所示。采用指数模型建立了 Hargreaves 公式计算的 ET_0 与 Penman - Monteith 公式计算的 ET_0 之间的拟合关系，即兴仁县修正的 Hargreaves 公式的 ET_0 计算式为

$$ET_0 = 0.7865e^{\frac{0.3575c_0(T+17.8)\sqrt{T_{max}-T_{min}}R_a}{\lambda}} \tag{3-6}$$

式中各变量的意义同式（2 - 47）。

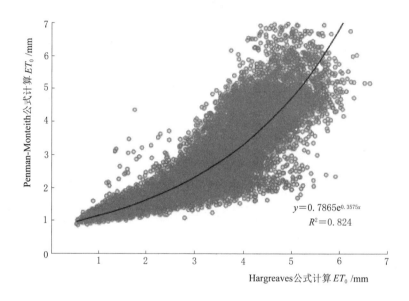

图 3 - 22　Penman - Monteith 公式计算的 ET_0
与 Hargreaves 公式计算的 ET_0 相关性分析

Penman - Monteith 公式计算的 ET_0 与蒸发皿法测定的 E_0 相关性分析，见图 3 - 23 所示。利用蒸发皿法计算的 ET_0 与 Penman - Monteith 公式计算的 ET_0 的相关性分析表明，两者显著相关，如图 3 - 24 所示。

经验公式法计算的 ET_0 与 Penman - Monteith 公式计算的 ET_0 的相关性分析，两者的决定系数为 0.6573，且显著相关，如图 3 - 25 所示。这表明，经验公式法也比较符合兴仁县实际。根据两者的拟合关系，进一步对经验公式法进行修正，得到兴仁县修正的经验公式法的 ET_0 计算式为

$$ET_0 = 0.4653e^{0.0866T_{max}} + 0.9494 \tag{3-7}$$

式中各变量的意义同式（2 - 51）。

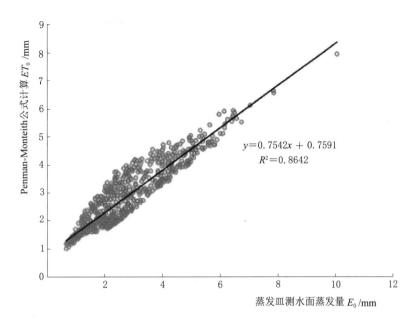

图 3-23　Penman-Monteith 公式计算的 ET_0 与蒸发皿法测定的
E_0 相关性分析

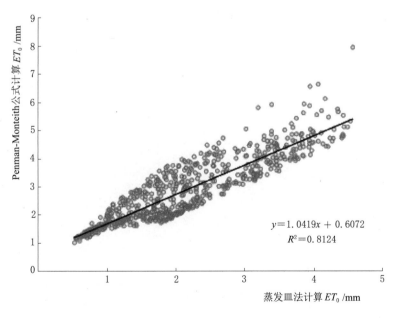

图 3-24　Penman-Monteith 公式计算的 ET_0 与蒸发皿法计算的
ET_0 相关性分析

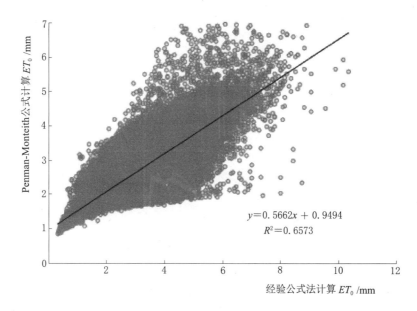

图 3 - 25　Penman - Monteith 公式计算的 ET_0 与经验公式法计算
的 ET_0 相关性分析

2. 作物系数 K_c

5 种作物的作物系数见表 3 - 28～表 3 - 32。

表 3 - 28　　　　　　　　　　　　烤 烟 作 物 系 数

生育阶段	还苗	伸根	现蕾	成熟
K_c	0.9	0.83	1.02	1

表 3 - 29　　　　　　　　　　　　油 菜 作 物 系 数

生育阶段	播种-出苗	出苗-现蕾	现蕾-始花	始花-成熟
K_c	0.65	1.2	1.1	0.39

表 3 - 30　　　　　　　　　　　　小 麦 作 物 系 数

生育阶段	出苗	分蘖	越冬	返青-拔节	拔节后
K_c	0.47	1.21	0.39	0.45	0.38

表 3 - 31　　　　　　　　　　　　玉 米 作 物 系 数

生育阶段	播种-出苗	出苗-拔节	拔节-抽穗	抽穗-灌浆	灌浆-成熟
K_c	0.66	0.78	1.26	0.7	0.4

表 3 - 32   水 稻 作 物 系 数

生育阶段	返青	分蘖	晒田	拔节	抽穗	灌浆	成熟
K_c	0.95	1.05	1.3	1.35	1.05	0.70	1.05

3.2.3.4　有效降水量

修正的降水有效利用系数见表 3 - 12。

3.2.3.5　预测结果分析

1. 土壤蓄水能力对计算结果的影响

（1）烤烟-油菜。

从图 3 - 26、图 3 - 27 可以看出，烤烟-油菜作物土壤水分计算值与墒情监测站数据在趋势上基本吻合。

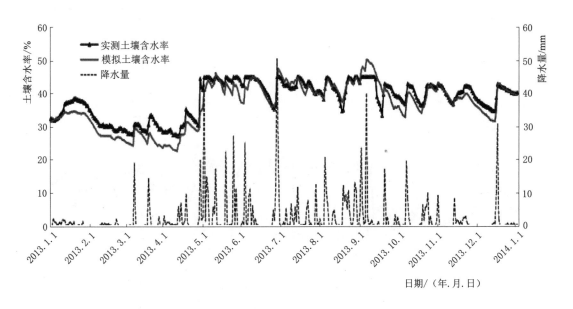

图 3 - 26　烤烟-油菜土壤含水率计算值与墒情监测站实测值比较（2013 年）

（2）小麦-玉米。

小麦-玉米整个生长期土壤水分动态变化趋势与土壤墒情监测站的数值也基本一致，如图 3 - 28、图 3 - 29 所示。

（3）水稻。

兴仁县水稻的田间水量计算结果（图 3－30）表明，田间水量变化也显示了几次灌溉事件响应。

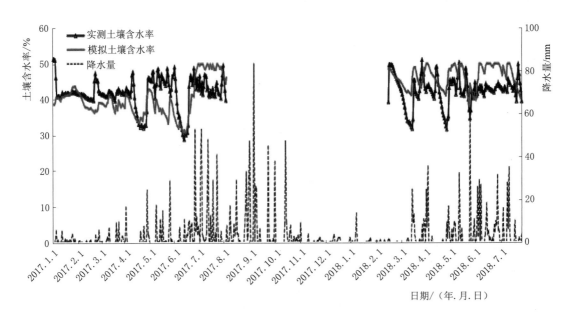

图 3－27　烤烟-油菜土壤含水率计算值与墒情监测站实测值比较（2017—2018 年）

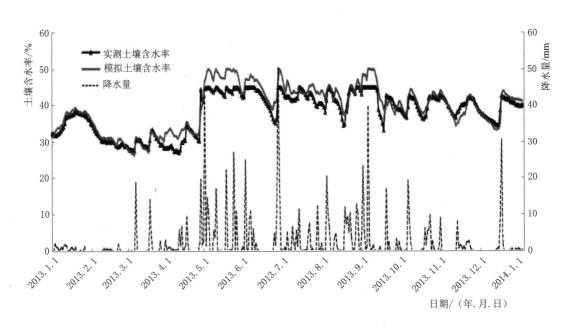

图 3－28　小麦-玉米地土壤含水率计算值与墒情监测站实测值比较（2013 年）

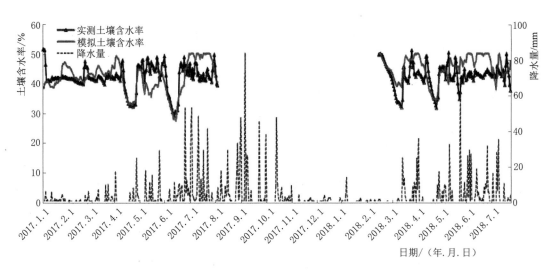

图 3-29 小麦-玉米地土壤含水率计算值与墒情监测站实测值比较（2017—2018 年）

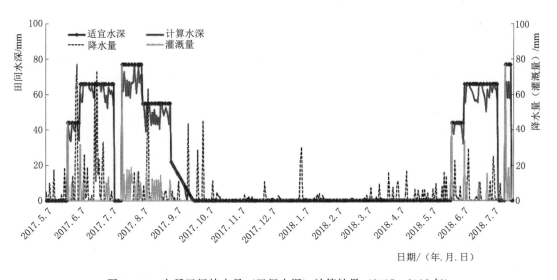

图 3-30 水稻田间持水量（田间水深）计算结果（2017—2018 年）

3.3 基于天气预报的旱灾预测模型应用

3.3.1 天气预报及气象要素量化

在旱情旱灾预报中最重要的是先要预报未来的天气状况，如果采用经验公式的话只需给出未来预测时段的最高气温，而如果采用 Penman‐Monteith 公式计算 ET_0 至少需要知道 5 个气象要素，分别为：日最高气温 T_{max}、日最低气温 T_{min}、日平均相对湿度 RH、日照时数 n 和气象站风速 u_z。而在天气预报中一般只能获得未来预测时段的最高气温、最低气温、天气和风力状况。如果采用 Penman‐Monteith 公式计算 ET_0，就需要对一些定性的天气状况进行定量处理。

3.3.1.1　湄潭县天气预报气象因子定量化

1. 天气现象编码

利用湄潭县 2011—2017 年天气预报历史资料，对气象因子统计学分布特征进行分析，从而通过天气预报中的天气对现象气象因子进行定量化。对湄潭县 2011—2017 年的天气现象进行汇总，共有 90 种天气现象，见表 3‐33。

表 3‐33　　　　　　　　湄潭县 2011—2017 年统计的天气现象及编码

天气现象名称	编码	天气现象名称	编码
暴雨/中雨	1	雷阵雨/暴雨	19
大雨/暴雨	2	雷阵雨/大到暴雨	20
大雨/大到暴雨	3	雷阵雨/大雨	21
大雨/阴	4	雷阵雨/雷阵雨	22
大雨/阵雨	5	雷阵雨/阴	23
冻雨/冻雨	6	雷阵雨/阵雨	24
多云/暴雨	7	雷阵雨/中到大雨	25
多云/大到暴雨	8	雷阵雨/中雨	26
多云/大雨	9	晴/多云	27
多云/多云	10	晴/晴	28
多云/雷阵雨	11	晴/小雨	29
多云/晴	12	晴/阴	30
多云/小到中雨	13	晴/中雨	31
多云/小雨	14	小到中雪/小雪	32
多云/阴	15	小到中雨/小雨	33
多云/阵雨	16	小到中雨/阴	34
多云/中到大雨	17	小到中雨/阵雨	35
多云/中雨	18	小雪/多云	36

天气现象名称	编　码	天气现象名称	编　码
小雪/小到中雪	37	雨夹雪/小雪	64
小雪/小雪	38	雨夹雪/小雨	65
小雪/雨夹雪	39	雨夹雪/阴	66
小雨/多云	40	雨夹雪/雨夹雪	67
小雨/小到中雨	41	阵雨/暴雨	68
小雨/小雪	42	阵雨/大到暴雨	69
小雨/小雨	43	阵雨/大雨	70
小雨/阴	44	阵雨/多云	71
小雨/雨夹雪	45	阵雨/雷阵雨	72
小雨/阵雨	46	阵雨/晴	73
小雨/中雨	47	阵雨/小到中雨	74
阴/暴雨	48	阵雨/小雨	75
阴/大到暴雨	49	阵雨/阴	76
阴/大雨	50	阵雨/阵雨	77
阴/冻雨	51	阵雨/中到大雨	78
阴/多云	52	阵雨/中雨	79
阴/雷阵雨	53	中到大雨/暴雨	80
阴/小到中雨	54	中到大雨/小雨	81
阴/小雪	55	中到大雨/阵雨	82
阴/小雨	56	中到大雨/中到大雨	83
阴/阴	57	中到大雨/中雨	84
阴/雨夹雪	58	中雨/大到暴雨	85
阴/阵雨	59	中雨/大雨	86
阴/中到大雨	60	中雨/阴	87
阴/中雨	61	中雨/阵雨	88
雨夹雪/冻雨	62	中雨/中到大雨	89
雨夹雪/多云	63	中雨/中雨	90

2. 日平均相对湿度 *RH*

对 2011—2017 年不同天气现象下的日平均相对湿度 *RH* 进行统计，其统计学分布特征如图 3-31 所示，可以看出，年尺度统计下，日平均相对湿度 RH 的分布较为离散，直接用来预测可能会出现较大的误差，需要进一步细化分析。

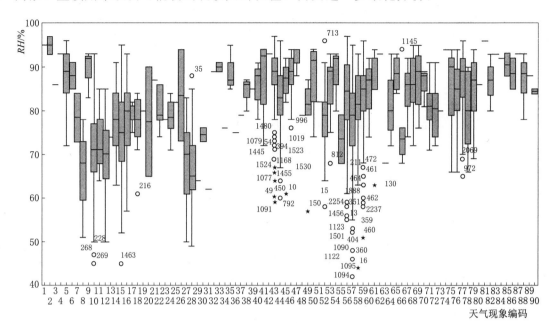

图 3-31　全年日平均相对湿度 RH 统计学分布特征

图 3-32 是按季节对不同天气现象下的日平均相对湿度 RH 进行统计分析，可以看出，分季节统计的日平均相对湿度 RH 分布离散程度明显小于年尺度。

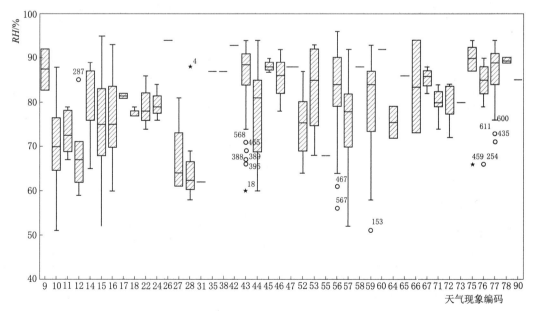

（a）春季

图 3-32（一）　不同季节日平均相对湿度 RH 统计学分布特征

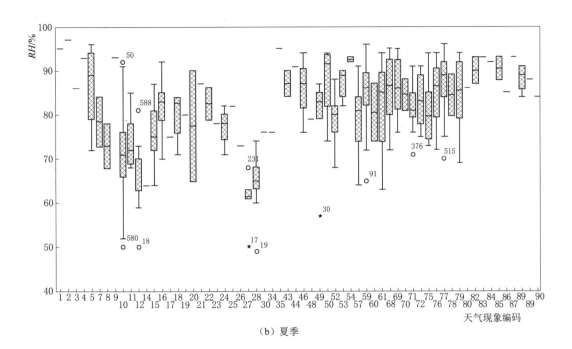

（b）夏季

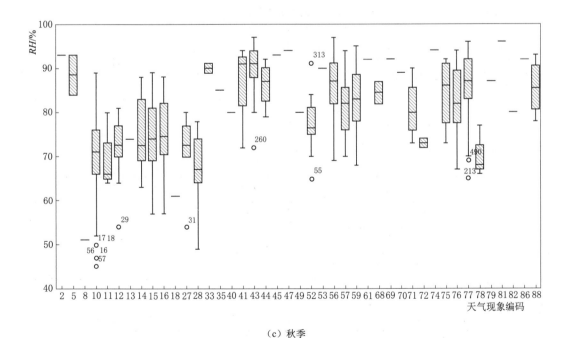

（c）秋季

图 3-32（二） 不同季节日平均相对湿度 RH 统计学分布特征

具体不同季节的不同天气现象下的 RH 统计学参数详见表 3-34～表 3-37。

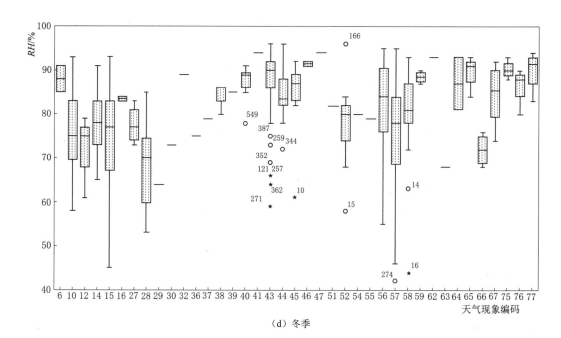

（d）冬季

图 3-32（三）　不同季节日平均相对湿度 *RH* 统计学分布特征

表 3-34　　　　　　　　春季不同天气现象下 *RH* 统计学特征参数

天气现象编码	中位数/%	频次	天气现象编码	中位数/%	频次
9	87.5	2	31	62	1
10	70	87	35	87	1
11	72.5	8	38	87	1
12	67	9	42	93	1
14	81	7	43	88.5	78
15	75	50	44	81	13
16	75	20	45	88	3
17	81.5	2	46	86	4
18	77	3	47	88	1
22	78	3	52	75.5	16
24	79	3	53	85	6
26	94	1	55	68	1
27	64	5	56	84	69
28	62.5	8	57	78	72

天气现象编码	中位数/%	频次	天气现象编码	中位数/%	频次
58	88	1	72	83.5	2
59	84	55	73	80	1
60	92	1	75	90	7
64	75.5	2	76	85	9
65	86	1	77	89	55
66	83.5	2	78	90	1
67	86	3	90	85	1
71	80	7			

表 3-35　　　　　　　　　　夏季不同天气现象下 *RH* 统计学特征参数

天气现象编码	中位数/%	频次	天气现象编码	中位数/%	频次
1	95	1	23	78	1
2	97	1	24	78	3
3	86	1	25	82	1
4	93	1	26	73	1
5	89	4	27	61.5	6
7	78.5	2	28	65	9
8	73	2	30	76	1
9	93	1	34	76	1
10	71	209	35	95	1
11	72	6	43	87	2
12	65	13	44	91	1
14	64	1	46	87	3
15	75	30	48	79	1
16	83	17	49	83	5
17	75	1	50	91.5	4
18	82.5	4	52	80	18
19	80	1	53	89	5
20	77.5	2	54	92.5	2
21	87	1	57	81	35
22	82.5	2	59	86	52

续表

天气现象编码	中位数/%	频次	天气现象编码	中位数/%	频次
60	80.5	2	79	85.5	6
61	85	4	80	86	1
68	86.5	12	82	90	2
69	86	7	83	93	1
70	84.5	2	84	92	1
71	81	11	85	90.5	2
72	83	5	86	85	1
75	76	3	87	93	1
76	86.5	20	88	89	6
77	89	89	89	88	1
78	84.5	2	90	84	1

表 3－36　　　　　　　　秋季不同天气现象下 RH 统计学特征参数

天气现象编码	中位数/%	频次	天气现象编码	中位数/%	频次
2	93	1	43	91	41
5	88.5	2	44	87	4
8	51	1	46	93	1
10	71	187	47	94	1
11	66	3	49	80	1
12	72.5	14	52	76.5	14
13	74	1	53	90	1
14	72.5	6	56	87	31
15	74	38	57	82	40
16	75	15	59	83	23
18	61	1	61	92	1
27	72.5	6	68	84.5	2
28	67	18	69	92	1
33	90	2	70	89	1
35	85	1	71	80	11
40	80	1	72	73	2
41	91	3	74	94	1

天气现象编码	中位数/%	频次	天气现象编码	中位数/%	频次
75	86	7	81	96	1
76	82	15	82	80	1
77	87	42	86	92	1
78	68	3	88	85.5	4
79	87	1			

表 3-37　　　　　　　　　　冬季不同天气现象下 *RH* 统计学特征参数

天气现象编码	中位数/%	频次	天气现象编码	中位数/%	频次
6	88	2	46	91.5	2
10	75	55	47	94	1
12	75	11	51	82	1
14	78	13	52	80	14
15	77	49	54	80	1
16	83.5	2	55	79	1
27	77	4	56	84	92
28	70	7	57	78	120
29	64	1	58	81	13
30	73	1	59	88.5	4
32	89	1	62	93	1
36	75	1	63	68	1
37	79	1	64	87	2
38	86	3	65	91	3
39	85	1	66	72	4
40	89	7	67	85.5	12
41	94	1	75	90	4
43	90	117	76	88	3
44	83.5	16	77	91.5	4
45	87	7			

3. 日照时数 *SD*

对 2011—2017 年不同天气现象下的日照时数 *SD* 进行统计，其统计学分布特征如图 3-33 所示。可以看出，年尺度统计下的日照时数 SD 分布较为离散，若直接用来预测可能会出现较大的误差，需要进一步细化分析。

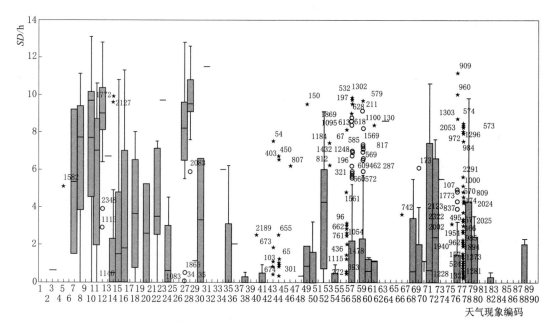

图 3-33　全年日照时数 SD 统计学分布特征

图 3-34 是按季节对不同天气现象下的日照时数进行统计分析。可以看出，分季节统计的日照时数分布离散程度明显小于年尺度。

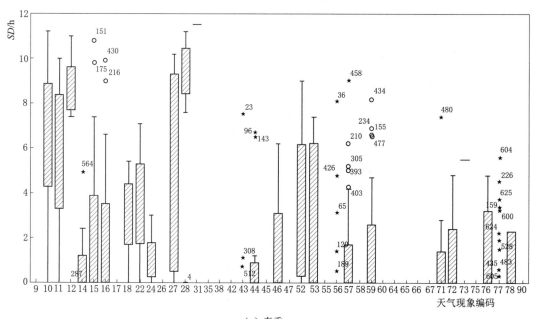

（a）春季

图 3-34（一）　不同季节日照时数 SD 统计学分布特征

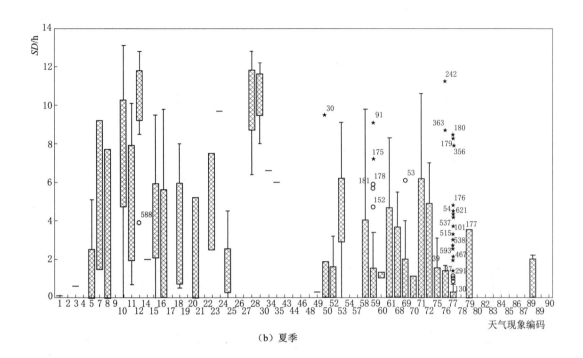

（b）夏季

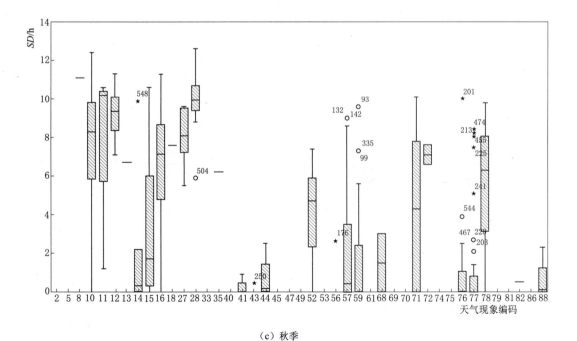

（c）秋季

图 3-34（二） 不同季节日照时数 SD 统计学分布特征

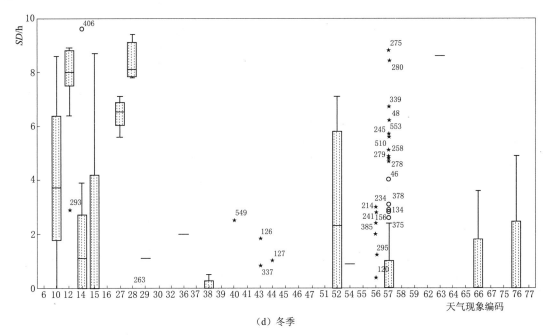

（d）冬季

图 3 - 34（三）　不同季节日照时数 SD 统计学分布特征

　　具体不同季节的不同天气现象下的日照时数 SD 统计学参数详见表 3 - 38 ～表 3 - 41。

表 3 - 38　　　　　　　　春季不同天气现象下日照时数 SD 统计学特征参数

天气现象编码	中位数/h	频次	天气现象编码	中位数/h	频次
9	0	2	31	11.5	1
10	7.2	87	35	0	1
11	6.55	8	38	0	1
12	8.4	9	42	0	1
14	0	7	43	0	78
15	0.95	50	44	0	13
16	0	20	45	0	3
17	0	2	46	0	4
18	3.4	3	47	0	1
22	3.5	3	52	4.15	16
24	0.6	3	53	0	6
26	0	1	55	0	1
27	9.1	5	56	0	69
28	9.45	8	57	0	72

天气现象编码	中位数/h	频次	天气现象编码	中位数/h	频次
58	0	1	72	0	2
59	0	55	73	5.5	1
60	0	1	75	0	7
64	0	2	76	0	9
65	0	1	77	0	55
66	0	2	78	2.3	1
67	0	3	90	0	1
71	0	7			

表 3-39　　　　夏季不同天气现象下日照时数 SD 统计学特征参数

天气现象编码	中位数/h	频次	天气现象编码	中位数/h	频次
1	0.1	1	23	9.7	1
2	0	1	24	0.6	3
3	0.6	1	25	0	1
4	0	1	26	0	1
5	0	4	27	10.95	6
7	5.35	2	28	10.9	9
8	3.85	2	30	6.6	1
9	0	1	34	6	1
10	8.3	209	35	0	1
11	5	6	43	0	2
12	10.6	13	44	0	1
14	2	1	46	0	3
15	4.05	30	48	0.3	1
16	0.4	17	49	1.7	5
17	0	1	50	0	4
18	2.45	4	52	5.2	18
19	0	1	53	0	5
20	2.6	2	54	0	2
21	0	1	57	2.3	35
22	5	2	59	0	52

续表

天气现象编码	中位数/h	频次	天气现象编码	中位数/h	频次
60	1.2	2	79	0.65	6
61	0.55	4	80	0	1
68	0.55	12	82	0	2
69	0	7	83	0	1
70	0.55	2	84	0	1
71	0.6	11	85	0	2
72	0	5	86	0	1
75	0	3	87	0	1
76	0	20	88	0	6
77	0	89	89	0	1
78	0	2	90	0	1

表 3 - 40　　　　　秋季不同天气现象下日照时数 _SD_ 统计学特征参数

天气现象编码	中位数/h	频次	天气现象编码	中位数/h	频次
2	0	1	43	0	41
5	0	2	44	0.15	4
8	11.1	1	46	0	1
10	8.3	187	47	0	1
11	10.2	3	49	0	1
12	9.35	14	52	4.7	14
13	6.7	1	53	0	1
14	0.3	6	56	0	31
15	1.7	38	57	0.4	40
16	7.1	15	59	0	23
18	7.6	1	61	0	1
27	8.1	6	68	1.5	2
28	9.95	18	69	0	1
33	0	2	70	0	1
35	6.2	1	71	4.3	11
40	0	1	72	7.1	2
41	0	3	74	0	1

天气现象编码	中位数/h	频次	天气现象编码	中位数/h	频次
75	0	7	81	0	1
76	0	15	82	0.5	1
77	0	42	86	0	1
78	6.3	3	88	0.1	4
79	0	1			

表 3-41　　　　　冬季不同天气现象下日照时数 *SD* 统计学特征参数

天气现象编码	中位数/h	频次	天气现象编码	中位数/h	频次
6	0	2	46	0	2
10	3.7	55	47	0	1
12	8	11	51	0	1
14	1.1	13	52	2.3	14
15	0	49	54	0.9	1
16	0	2	55	0	1
27	6.55	4	56	0	92
28	8.1	7	57	0	120
29	1.1	1	58	0	13
30	0	1	59	0	4
32	0	1	62	0	1
36	2	1	63	8.6	1
37	0	1	64	0	2
38	0	3	65	0	3
39	0	1	66	0	4
40	0	7	67	0	12
41	0	1	75	0	4
43	0	117	76	0	3
44	0	16	77	0	4
45	0	7			

4. 日降水量 *P*

对 2011—2017 年不同天气现象下的日降水量 *P* 进行统计，全年降水量统计学分布特征如图 3-35 所示。可以看出，年尺度统计下的日降水量 P 的分布较为离散，若直接用来预测可能会出现较大的误差，需要进一步细化分析。

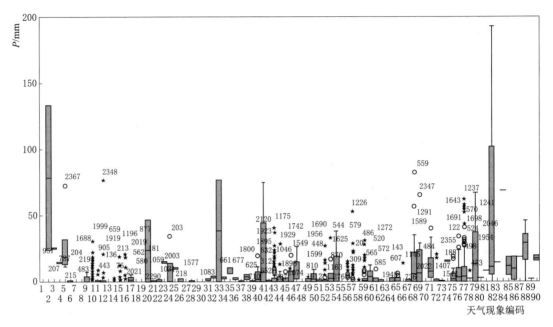

图 3-35　全年日降水量 P 统计学分布特征

图 3-36 是按季节对不同天气现象下的日降水量 P 进行统计分析。可以看出，分季节统计的降水量分布离散程度明显小于年尺度的。

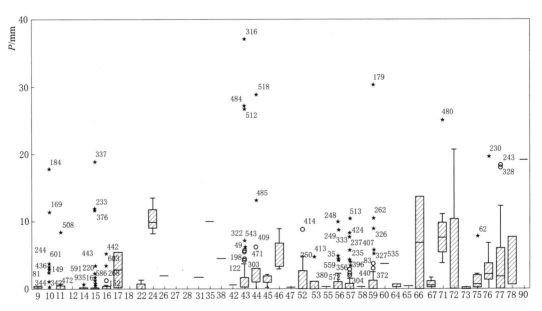

（a）春季

图 3-36（一）　不同季节日降水量 P 统计学分布特征

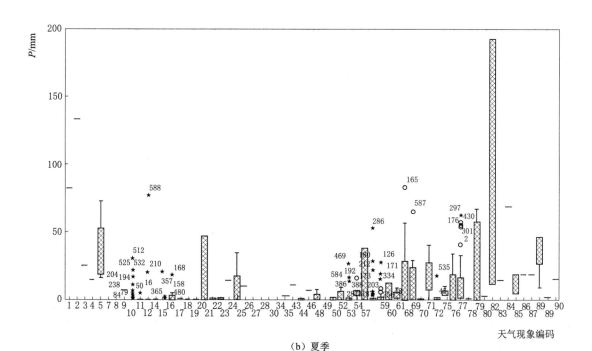

（b）夏季

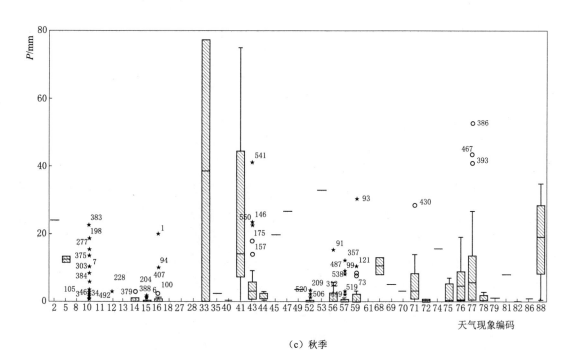

（c）秋季

图 3-36（二） 不同季节日降水量 P 统计学分布特征

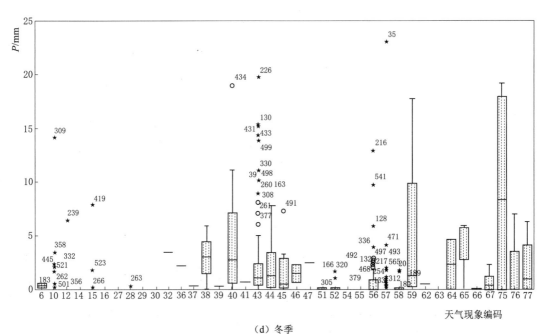

（d）冬季

图 3-36（三）　不同季节日降水量 P 统计学分布特征

具体不同季节的不同天气现象下的日降水量 P 统计学参数详见表 3-42～表 3-45。

表 3-42　　　　　　春季不同天气现象下日降水量 P 统计学特征参数

天气现象编码	中位数/mm	频次	天气现象编码	中位数/mm	频次
9	0.3	2	28	0	8
10	0	87	31	1.7	1
11	0	8	35	10	1
12	0	9	38	4.5	1
14	0	7	42	0.6	1
15	0	50	43	0.8	78
16	0	20	44	1.7	13
17	2.85	2	45	1.7	3
18	0	3	46	4.3	4
22	0.1	3	47	0.2	1
24	9.9	3	52	0.2	16
26	1.9	1	53	0.6	6
27	0	5	55	0.3	1

天气现象编码	中位数/mm	频次	天气现象编码	中位数/mm	频次
56	0.3	69	71	7.6	7
57	0	72	72	10.35	2
58	0.3	1	73	0.1	1
59	0.3	55	75	0.7	7
60	3.7	1	76	2.2	9
64	0.45	2	77	1.8	55
65	0.4	1	78	0.6	1
66	6.85	2	90	19.2	1
67	0.5	3			

表 3-43　　　　夏季不同天气现象下日降水量 P 统计学特征参数

天气现象编码	中位数/mm	频次	天气现象编码	中位数/mm	频次
1	82.5	1	21	0.4	1
2	133.3	1	22	0.75	2
3	25.3	1	23	14.7	1
4	14.5	1	24	0.01	3
5	26.45	4	25	10.1	1
7	0	2	26	0	1
8	0	2	27	0	6
9	7.2	1	28	0	9
10	0	209	30	0	1
11	0	6	34	3	1
12	0	13	35	11	1
14	0	1	43	0.45	2
15	0	30	44	7.2	1
16	0	17	46	0.6	3
17	1.3	1	48	0	1
18	0	4	49	0.5	5
19	0	1	50	1.75	4
20	23.45	2	52	0	18

续表

天气现象编码	中位数/mm	频次	天气现象编码	中位数/mm	频次
53	3.7	5	77	4.8	89
54	19	2	78	0.95	2
57	0	35	79	15.2	6
59	0.15	52	80	2.8	1
60	6.15	2	82	101.9	2
61	2.3	4	83	14.6	1
68	3.25	12	84	68.8	1
69	7.5	7	85	11.75	2
70	0.4	2	86	18.6	1
71	17.4	11	87	18.7	1
72	1.7	5	88	33.5	6
75	3.5	3	89	2	1
76	5.3	20	90	15.4	1

表 3 - 44　　　　　秋季不同天气现象下日降水量 P 统计学特征参数

天气现象编码	中位数/mm	频次	天气现象编码	中位数/mm	频次
2	24	1	40	0.4	1
5	12.45	2	41	14.1	3
8	0	1	43	3	41
10	0	187	44	1.65	4
11	0	3	46	19.8	1
12	0	14	47	26.6	1
13	0	1	49	3.7	1
14	0.1	6	52	0	14
15	0	38	53	32.9	1
16	0	15	56	0.3	31
18	0	1	57	0	40
27	0	6	59	0.5	23
28	0	18	61	0.1	1
33	38.55	2	68	10.45	2
35	2.4	1	69	5	1

天气现象编码	中位数/mm	频次	天气现象编码	中位数/mm	频次
70	3	1	78	0.9	3
71	3.1	11	79	1.1	1
72	0.35	2	81	8.1	1
74	15.6	1	82	0	1
75	0.5	7	86	0.9	1
76	4.6	15	88	19.05	4
77	5.6	42			

表 3-45　　　　冬季不同天气现象下日降水量 P 统计学特征参数

天气现象编码	中位数/mm	频次	天气现象编码	中位数/mm	频次
6	0.4	2	46	1.5	2
10	0	55	47	2.5	1
12	0	11	51	0.1	1
14	0	13	52	0	14
15	0	49	54	0	1
16	0	2	55	0	1
27	0	4	56	0	92
28	0	7	57	0	120
29	0	1	58	0	13
30	0	1	59	1.25	4
32	3.5	1	62	0.5	1
36	2.2	1	63	0	1
37	0.3	1	64	2.3	2
38	3	3	65	5.5	3
39	0.3	1	66	0	4
40	2.7	7	67	0.4	12
41	0.7	1	75	8.35	4
43	1.1	117	76	0	3
44	1.25	16	77	0.95	4
45	0.5	7			

5. 风速 u

利用湄潭县 2011—2017 年天气预报历史资料，对风力下风速 u 统计学分布特征进行分析，以通过风力现象预判风速 u。对湄潭县 2011—2017 年的风力情况进行汇总，经统计共有 4 种风力等级，详见表 3－36。

表 3－46　　　　　　　　　湄潭县 2011—2017 年风力等级及编码

风力等级	编　码	风力等级	编　码
＜3 级	1	3～4 级	3
≤3 级	2	微风	4

对 2011—2017 年不同风力等级下的风速 u 进行统计，其统计学分布特征如图 3－37 所示。可以看出，年尺度统计下的风速 u 的分布较为离散，若直接用来预测，可能会出现较大的误差，需要进一步细化分析。

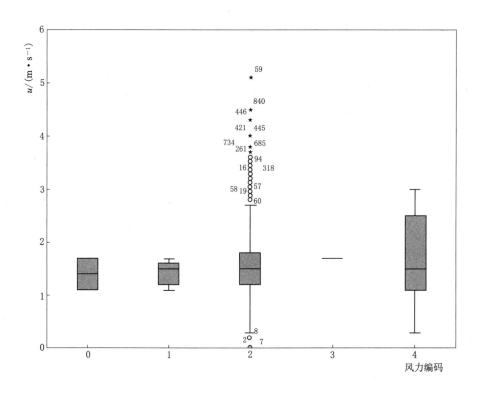

图 3－37　全年风速 u 统计学分布特征

图 3－38 是按季节对不同风力等级下的风速 u 进行统计分析，可以看出，分季节统计的风速 u 分布离散程度明显小于年尺度的。

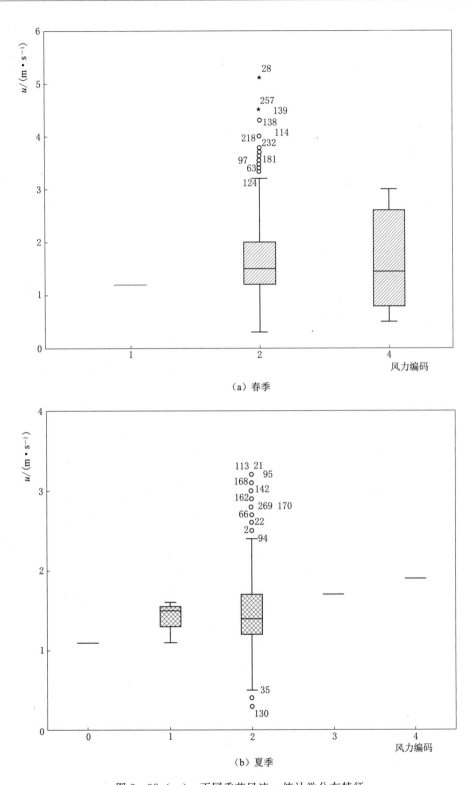

（a）春季

（b）夏季

图 3-38（一） 不同季节风速 u 统计学分布特征

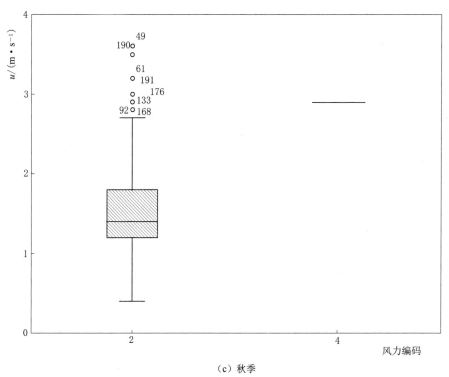

（c）秋季

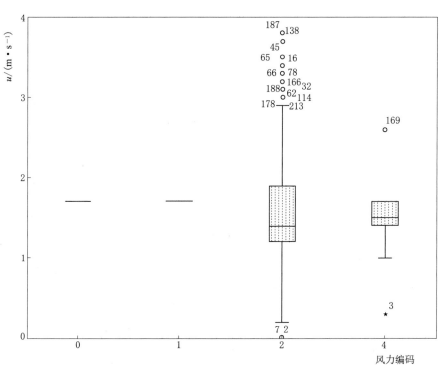

（d）冬季

图 3-38（二）　不同季节风速 u 统计学分布特征

具体不同季节的不同天气现象下的风速 u 统计学参数详见表 3-47～表 3-50。

表 3-47　　　　　　　春季不同风力等级下风速 u 统计学特征参数

天气现象编码	中位数/$(m \cdot s^{-1})$	频　次
1	1.2	1
2	1.5	606
4	1.45	18

表 3-48　　　　　　　夏季不同风力等级下风速 u 统计学特征参数

天气现象编码	中位数/$(m \cdot s^{-1})$	频　次
0	1.1	1
1	1.5	3
2	1.4	626
3	1.7	1
4	1.9	1

表 3-49　　　　　　　秋季不同风力等级下风速 u 统计学特征参数

天气现象编码	中位数/$(m \cdot s^{-1})$	频　次
2	1.4	551
4	2.9	1

表 3-50　　　　　　　冬季不同风力等级下风速 u 统计学特征参数

天气现象编码	中位数/$(m \cdot s^{-1})$	频　次
1	1.7	2
2	1.4	572
4	1.5	9

3.3.1.2 修文县天气预报气象因子定量化

1. 天气现象编码

利用修文县 2011—2017 年天气预报历史资料，对气象因子统计学分布特征进行分析，以通过天气现象预判气象因子量化数值。对修文县 2011—2017 年的天气现象进行汇总，经统计共有 81 种天气现象，见表 3-51。

表 3 - 51　　　　　　　　　　修文县 2011—2017 年统计天气现象及编码

天气现象名称	编码	天气现象名称	编码
暴雨/暴雨	1	晴/阴	33
暴雨/阵雨	2	晴/阵雨	34
大雪/多云	3	小到中雨/小雨	35
大雨/暴雨	4	小雪/冻雨	36
大雨/大到暴雨	5	小雪/晴	37
大雨/雷阵雨	6	小雪/小雪	38
大雨/阴	7	小雪/中雪	39
大雨/阵雨	8	小雨/大雨	40
大雨/中雨	9	小雨/冻雨	41
冻雨/冻雨	10	小雨/多云	42
冻雨/小雪	11	小雨/小到中雨	43
冻雨/小雨	12	小雨/小雪	44
冻雨/阴	13	小雨/小雨	45
冻雨/雨夹雪	14	小雨/阴	46
多云/暴雨	15	小雨/雨夹雪	47
多云/大雨	16	小雨/阵雨	48
多云/多云	17	小雨/中雨	49
多云/雷阵雨	18	阴/暴雨	50
多云/晴	19	阴/大雨	51
多云/小雨	20	阴/冻雨	52
多云/阴	21	阴/多云	53
多云/阵雨	22	阴/雷阵雨	54
多云/中雨	23	阴/晴	55
雷阵雨/大雨	24	阴/小到中雨	56
雷阵雨/多云	25	阴/小雨	57
雷阵雨/雷阵雨	26	阴/阴	58
雷阵雨/雷阵雨伴有冰雹	27	阴/雨夹雪	59
雷阵雨/小雨	28	阴/阵雨	60
雷阵雨/阵雨	29	阴/中雨	61
雷阵雨/中雨	30	雨夹雪/冻雨	62
晴/多云	31	雨夹雪/小雪	63
晴/晴	32	雨夹雪/小雨	64

天气现象名称	编码	天气现象名称	编码
雨夹雪/雨夹雪	65	阵雨/中雨	74
阵雨/暴雨	66	中到大雨/大到暴雨	75
阵雨/大雨	67	中到大雨/中雨	76
阵雨/多云	68	中雨/大雨	77
阵雨/雷阵雨	69	中雨/小雨	78
阵雨/小雨	70	中雨/阴	79
阵雨/阴	71	中雨/阵雨	80
阵雨/阵雨	72	中雨/中雨	81
阵雨/中到大雨	73		

2. 日平均相对湿度 RH

对 2011—2017 年不同天气现象下的日平均相对湿度 RH 进行统计，其统计学分布特征如图 3-39 所示。可以看出，年尺度统计下的日平均 RH 分布较为离散，若直接用来预测，可能会出现较大的误差，需要进一步细化分析。

图 3-40 是按季节对不同天气现象下的日平均相对湿度 RH 进行统计分析。可以看出，分季节统计的日平均相对湿度 RH 分布离散程度明显小于年尺度。

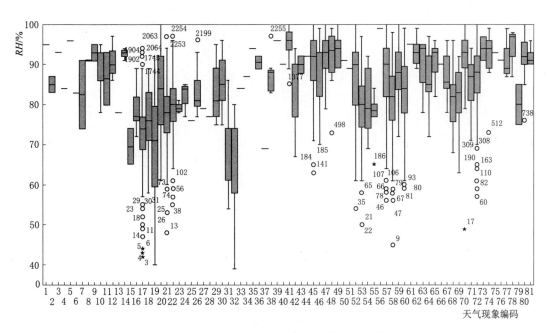

图 3-39 全年日平均相对湿度 RH 统计学分布特征

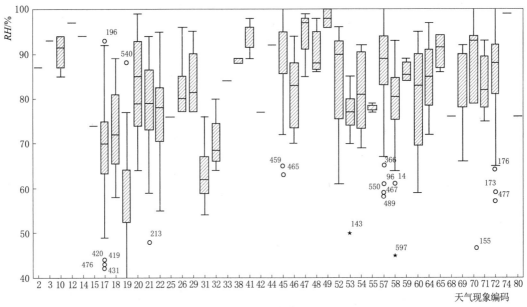

（a）春季

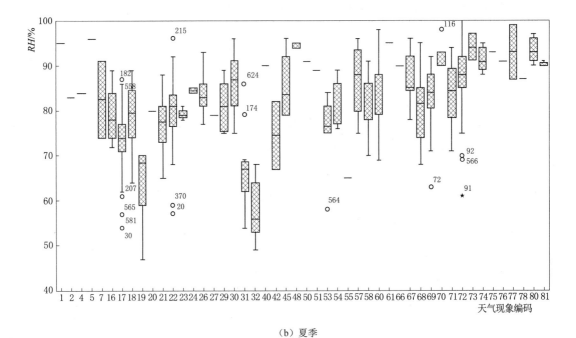

（b）夏季

图 3-40（一）　不同季节日平均相对湿度 RH 统计学分布特征

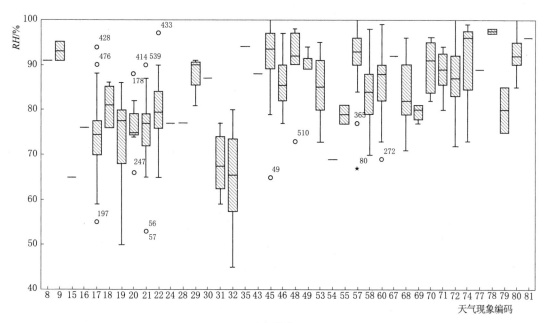

（c）秋季

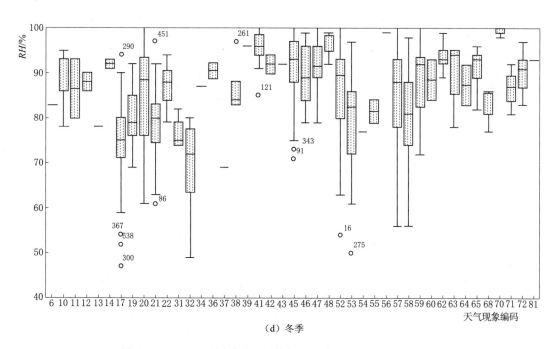

（d）冬季

图3-40（二） 不同季节日平均相对湿度 RH 统计学分布特征

具体不同季节的不同天气现象下的日平均相对湿度 RH 统计学参数详见表3-52～表3-55。

表 3 – 52　　　　　春季不同天气现象下日平均相对湿度 *RH* 统计学特征参数

天气现象编码	中位数/%	频次	天气现象编码	中位数/%	频次
2	87	1	45	90	80
3	93	1	46	83	8
10	92	4	47	97	3
12	97	1	48	88	7
14	94	1	49	98	2
15	74	1	52	90	3
17	70	79	53	77	13
18	72	19	54	81	7
19	57	12	55	78	3
20	85	18	57	89	77
21	79	27	58	81	52
22	78	27	59	86	4
25	76	1	60	83	40
26	80	8	64	85	3
29	82	6	65	92	6
31	62	17	68	76	1
32	69	4	69	83	9
33	84	1	70	93	5
38	89	2	71	82	7
41	94	3	72	88	58
42	77	1	74	99	1
44	92	1	80	76	1

表 3 – 53　　　　　夏季不同天气现象下日平均相对湿度 *RH* 统计学特征参数

天气现象编码	中位数/%	频次	天气现象编码	中位数/%	频次
1	95	1	17	74	158
2	83	1	18	80	16
4	84	1	19	69	6
5	96	1	20	80	1
7	83	2	21	78	28
16	78	8	22	81	39

天气现象编码	中位数/%	频次	天气现象编码	中位数/%	频次
23	79	3	58	81	31
24	85	2	60	83	43
26	83	9	61	95	1
27	79	1	66	90	2
29	81	8	67	85	15
30	83	7	68	82	20
31	67	11	69	84	24
32	56	9	70	92	5
40	90	1	71	85	16
42	75	2	72	88	114
45	84	4	73	94	2
48	95	2	74	91	5
50	91	1	75	93	1
51	89	1	76	91	1
53	77	8	77	93	2
54	86	5	78	87	1
55	65	1	80	93	5
57	88	4	81	90	3

表 3 - 54   秋季不同天气现象下日平均相对湿度 RH 统计学特征参数

天气现象编码	中位数/%	频次	天气现象编码	中位数/%	频次
8	91	1	24	77	1
9	93	2	28	77	1
15	65	1	29	90	3
16	76	1	30	87	1
17	75	156	31	68	12
18	81	6	32	66	24
19	78	14	35	94	1
20	75	7	43	88	1
21	77	29	45	94	46
22	80	26	46	86	10

续表

天气现象编码	中位数/%	频次	天气现象编码	中位数/%	频次
48	92	6	69	80	5
49	89	3	70	91	8
53	85	9	71	89	12
54	69	1	72	87	67
55	79	2	74	96	3
57	93	26	77	89	1
58	84	28	78	98	2
60	88	14	79	80	2
67	92	1	80	92	5
68	82	13	81	96	1

表 3-55　　　　冬季不同天气现象下日平均相对湿度 *RH* 统计学特征参数

天气现象编码	中位数/%	频次	天气现象编码	中位数/%	频次
6	83	1	38	84	5
10	93	9	39	96	1
11	87	2	41	96	12
12	88	2	42	92	2
13	78	1	43	92	1
14	92	2	45	93	107
17	75	61	46	91	2
19	79	12	47	92	10
20	89	24	48	98	3
21	80	35	52	90	18
22	88	7	53	83	18
31	75	5	54	77	1
32	72	16	55	82	2
34	87	1	56	99	1
36	91	2	57	88	97
37	69	1	58	81	62

天气现象编码	中位数/%	频次	天气现象编码	中位数/%	频次
59	92	11	68	85	3
60	89	2	70	100	3
62	93	6	71	87	3
63	94	4	72	91	9
64	88	2	81	93	1
65	93	7			

3. 日照时数 SD

对 2011—2017 年不同天气现象下的日照时数 SD 进行统计,其统计学分布特征如图 3-41 所示。可以看出,年尺度统计下的日照时数 SD 的分布较为离散,若直接用来预测,可能会出现较大的误差,需要进一步细化分析。

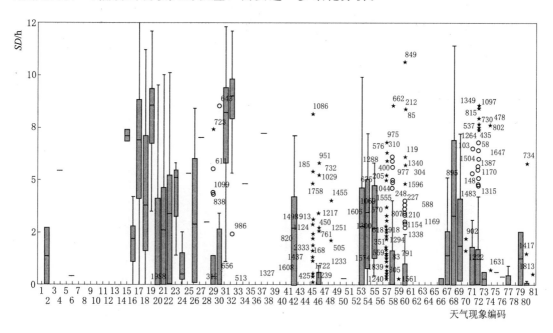

图 3-41 全年日照时数 SD 统计学分布特征

图 3-42 是按季节对不同天气现象下的日照时数 SD 进行统计分析。可以看出,分季节统计的日照时数 SD 分布离散程度明显小于年尺度。

具体不同季节的不同天气现象下的日照时数 SD 统计学参数详见表 3-56～表3-59。

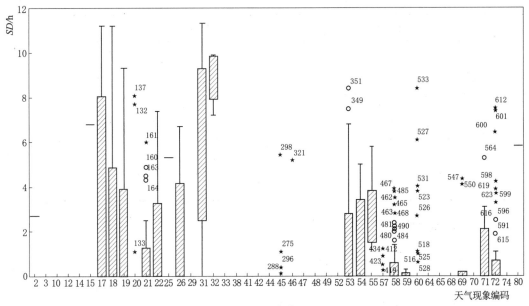

（a）春季

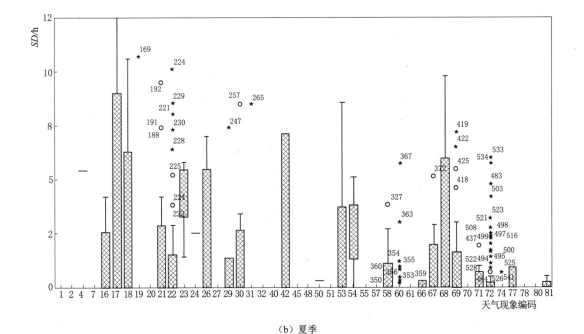

（b）夏季

图 3-42（一） 不同季节日照时数 SD 统计学分布特征

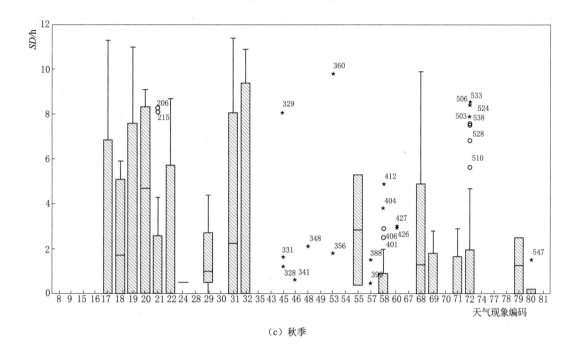

（c）秋季

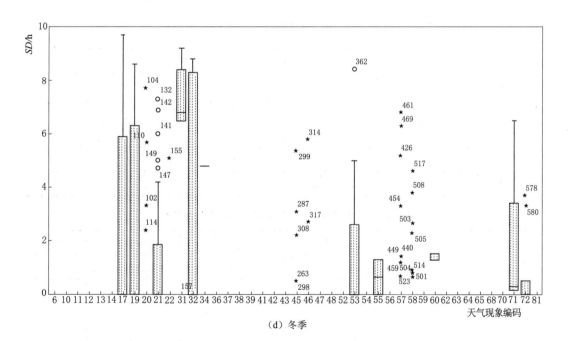

（d）冬季

图 3-42（二） 不同季节日照时数 SD 统计学分布特征

表 3 - 56　　　　　　　　春季不同天气现象下日照时数 SD 统计学特征参数

天气现象编码	中位数/h	频次	天气现象编码	中位数/h	频次
2	3	1	45	0	80
3	0	1	46	0	8
10	0	4	47	0	3
12	0	1	48	0	7
14	0	1	49	0	2
15	7	1	52	0	3
17	1	79	53	0	13
18	1	19	54	0	7
19	0	12	55	2	3
20	0	18	57	0	77
21	0	27	58	0	52
22	0	27	59	0	4
25	5	1	60	0	40
26	0	8	64	0	3
29	0	6	65	0	6
31	8	17	68	0	1
32	9	4	69	0	9
33	0	1	70	0	5
38	0	2	71	0	7
41	0	3	72	0	58
42	0	1	74	0	1
44	0	1	80	6	1

表 3 - 57　　　　　　　　夏季不同天气现象下日照时数 SD 统计学特征参数

天气现象编码	中位数/h	频次	天气现象编码	中位数/h	频次
1	0	1	18	1	16
2	0	1	19	0	6
4	5	1	20	0	1
7	0	2	21	0	23
16	0	8	22	0	37
17	3	134	23	5	3

天气现象编码	中位数/h	频次	天气现象编码	中位数/h	频次
24	3	1	57	0	4
26	2	8	58	0	28
27	0	1	60	0	40
29	1	8	61	0	1
30	0	7	66	0	2
31	0	7	67	0	15
32	0	9	68	3	15
40	0	1	69	0	23
42	4	2	70	0	5
45	0	4	71	0	10
48	0	2	72	0	96
50	0	1	74	0	5
51	0	1	77	0	2
53	2	6	78	0	1
54	3	5	80	0	5
55	0	1	81	0	3

表 3-58　　　　　　　　秋季不同天气现象下日照时数 SD 统计学特征参数

天气现象编码	中位数/h	频次	天气现象编码	中位数/h	频次
8	0	1	29	1	3
9	0	2	30	0	1
15	0	1	31	2	12
16	0	1	32	0	24
17	0	156	35	0	1
18	2	6	43	0	1
19	0	14	45	0	46
20	5	7	46	0	10
21	0	29	48	0	6
22	0	26	49	0	3
24	1	1	53	0	9
28	0	1	54	0	1

天气现象编码	中位数/h	频次	天气现象编码	中位数/h	频次
55	3	2	71	0	12
57	0	26	72	0	67
58	0	28	74	0	3
60	0	14	77	0	1
67	0	1	78	0	2
68	1	13	79	1	2
69	0	5	80	0	5
70	0	8	81	0	1

4. 日降水量 P

对 2011—2017 年不同天气现象下的日降水量 P 进行统计，其统计学分布特征如图 3-43 所示。可以看出，年尺度统计下的日降水量 P 的分布较为离散，若直接用来预测，可能会出现较大的误差，需要进一步细化分析。

表 3-59　　　　　　冬季不同天气现象下日照时数 SD 统计学特征参数

天气现象编码	中位数/h	频次	天气现象编码	中位数/h	频次
6	0	1	34	5	1
10	0	9	36	0	2
11	0	2	37	0	1
12	0	2	38	0	5
13	0	1	39	0	1
14	0	2	41	0	12
17	0	61	42	0	2
19	0	12	43	0	1
20	0	24	45	0	107
21	0	35	46	0	11
22	0	7	47	0	10
31	7	5	48	0	3
32	0	16	52	0	18

续表

天气现象编码	中位数/h	频次	天气现象编码	中位数/h	频次
53	0	18	63	0	4
54	0	1	64	0	2
55	1	2	65	0	7
56	0	1	68	0	3
57	0	97	70	0	3
58	0	62	71	0	3
59	0	11	72	0	9
60	1	2	81	0	1
62	0	6			

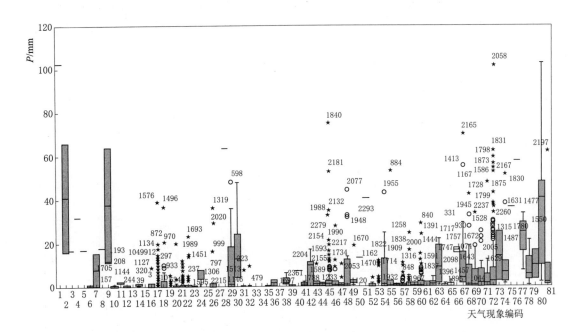

图 3-43　全年日降水量 P 统计学分布特征

图 3-44 是按季节对不同天气现象下的降水量进行统计分析。可以看出，分季节统计的降水量分布离散程度明显小于年尺度。

具体不同季节的不同天气现象下的日降水量 P 统计学参数详见表 3-60～表 3-63。

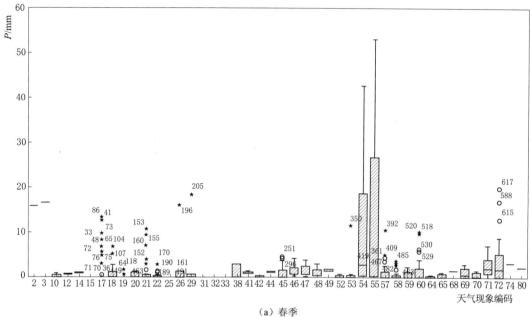

（a）春季

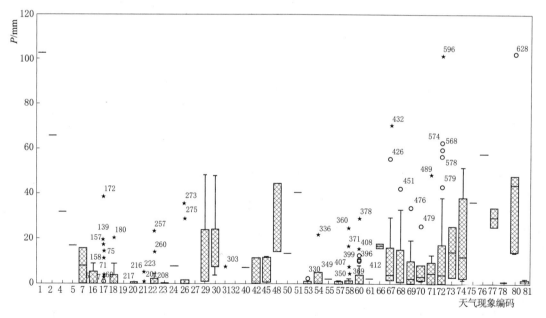

（b）夏季

图 3-44（一）　不同季节日降水量 P 统计学分布特征

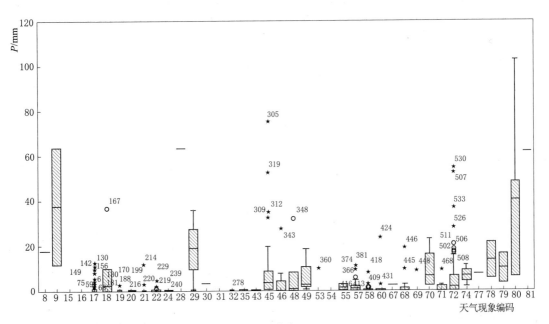

（c）秋季

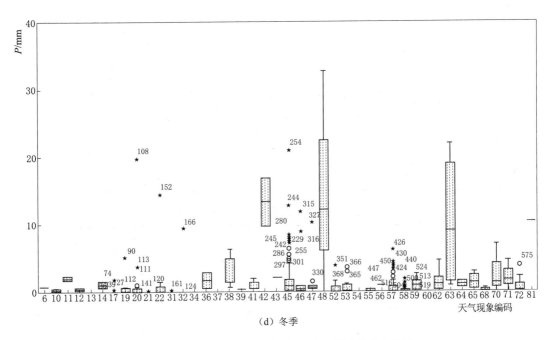

（d）冬季

图 3 - 44（二） 不同季节日降水量 P 统计学分布特征

表 3 - 60　　　　　　　　　春季不同天气现象下日降水量 *P* 统计学特征参数

天气现象编码	中位数/mm	频次	天气现象编码	中位数/mm	频次
2	16	1	45	1	80
3	17	1	46	1	8
10	0	4	47	1	3
12	1	1	48	1	7
14	1	1	49	2	2
15	0	1	52	0	3
17	0	79	53	0	13
18	0	19	54	3	7
19	0	12	55	1	3
20	0	18	57	1	77
21	0	27	58	0	52
22	0	27	59	0	4
25	0	1	60	0	40
26	0	8	64	0	3
29	0	6	65	0	6
31	0	17	68	2	1
32	0	4	69	1	9
33	0	1	70	1	5
38	1	2	71	2	7
41	1	3	72	2	58
42	0	1	74	3	1
44	1	1	80	2	1

表 3 - 61　　　　　　　　　夏季不同天气现象下日降水量 *P* 统计学特征参数

天气现象编码	中位数/mm	频次	天气现象编码	中位数/mm	频次
1	102	1	17	0	158
2	66	1	18	0	16
4	32	1	19	0	6
5	17	1	20	0	1
7	8	2	21	0	28
16	0	8	22	0	39

天气现象编码	中位数/mm	频次	天气现象编码	中位数/mm	频次
23	0	3	58	0	31
24	8	2	60	1	43
26	0	9	61	2	1
27	0	1	66	17	2
29	2	8	67	4	15
30	16	7	68	6	20
31	0	11	69	2	24
32	0	9	70	3	5
40	7	1	71	5	16
42	6	2	72	4	114
45	6	4	73	14	2
48	29	2	74	12	5
50	13	1	75	36	1
51	40	1	76	58	1
53	0	8	77	29	2
54	2	5	78	1	1
55	2	1	80	44	5
57	1	4	81	1	3

表 3 - 62　　　　秋季不同天气现象下日降水量 P 统计学特征参数

天气现象编码	中位数/mm	频次	天气现象编码	中位数/mm	频次
8	18	1	24	0	1
9	38	2	28	64	1
15	0	1	29	19	3
16	0	1	30	3	1
17	0	156	31	0	12
18	2	6	32	0	24
19	0	14	35	0	1
20	0	7	43	0	1
21	0	29	45	3	46
22	0	26	46	0	10

续表

天气现象编码	中位数/mm	频次	天气现象编码	中位数/mm	频次
48	1	6	70	6	8
49	3	3	69	0	5
53	0	9	71	0	12
54	0	1	72	2	67
55	1	2	74	7	3
57	1	26	77	7	1
58	0	28	78	14	2
60	0	14	79	10	2
67	2	1	80	40	5
68	0	13	81	62	1

表 3-63　　　　　冬季不同天气现象下日降水量 P 统计学特征参数

天气现象编码	中位数/mm	频次	天气现象编码	中位数/mm	频次
6	1	1	41	1	12
10	0	9	42	13	2
11	2	2	43	2	1
12	0	2	45	1	107
13	0	1	46	0	11
14	1	2	47	1	10
17	0	61	48	12	3
19	0	12	52	0	18
20	0	24	53	0	18
21	0	35	54	0	1
22	0	7	55	0	2
31	0	5	56	1	1
32	0	16	57	0	97
34	0	1	58	0	62
36	2	2	59	1	11
37	0	1	60	0	2
38	2	5	62	1	6
39	0	1	63	9	4

天气现象编码	中位数/mm	频次	天气现象编码	中位数/mm	频次
64	1	2	71	2	3
65	1	7	72	0	9
68	0	3	81	10	1
70	1	3			

5. 风速 u

利用修文县 2011—2017 年天气预报历史资料，对风速 u 统计学分布特征进行分析，以通过风力现象预判风速 u。对修文县近 2011—2017 年的风力情况进行汇总，经统计共有 6 种风力等级，详见表 3-64。

表 3-64　　　　　　　　　　修文县 2011—2017 年统计风力等级及编码

风力等级	编　码	风力等级	编　码
<3 级	1	3~4 级	4
≤3 级	2	3~4 级/≤3 级	5
≤3 级/3~4 级	3	微风	6

对 2011—2017 年不同风力等级下的风速 u 进行统计，其统计学分布特征如图 3-45 所示。可以看出，年尺度统计下的风速 u 分布较为离散，若直接用来预测，可能会出现较大的误差，需要进一步细化分析。

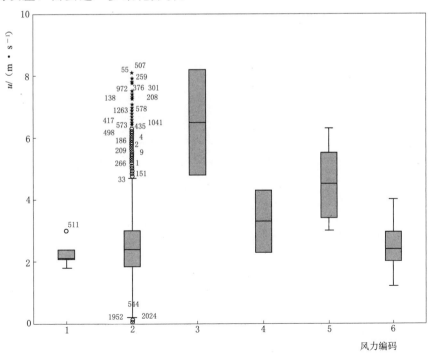

图 3-45　全年风速 u 统计学分布特征

　　图 3-46 是按季节对不同风力等级下的风速 u 进行统计分析，可以看出，分季节统计的风速 u 分布离散程度明显小于年尺度的。

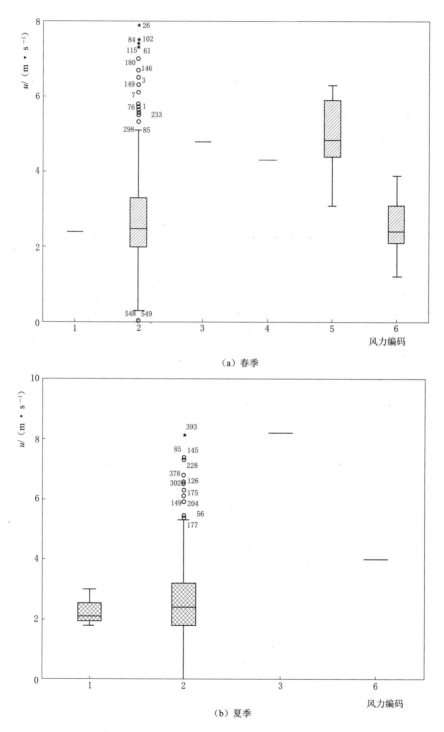

（a）春季

（b）夏季

图 3-46（一）　不同季节风速 u 统计学分布特征

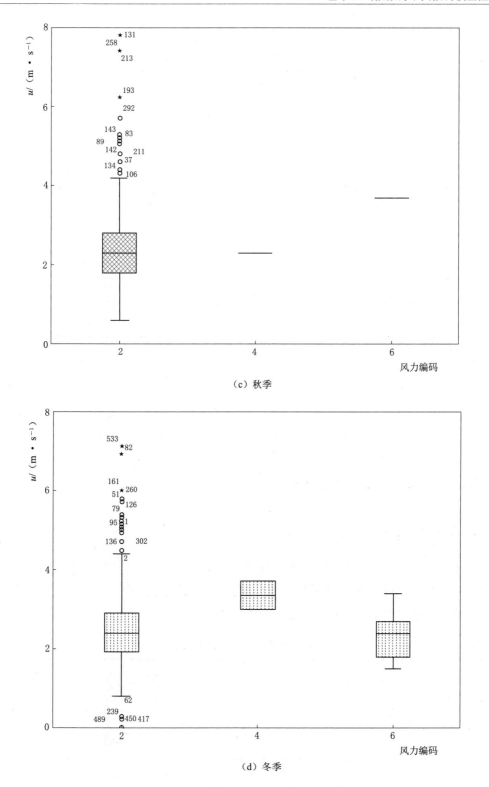

（c）秋季

（d）冬季

图 3-46（二） 不同季节风速 u 统计学分布特征

具体不同季节的不同天气现象下的风速 u 统计学参数详见表 3-65～表 3-68。

表 3-65　　　　　　　　春季不同风力等级下风速 u 的统计学特征参数

风力编码	中位数/(m·s⁻¹)	频　次	风力编码	中位数/(m·s⁻¹)	频　次
1	2	1	4	4	1
2	3	598	5	5	6
3	5	1	6	2	18

表 3-66　　　　　　　　夏季不同风力等级下风速 u 的统计学特征参数

风力编码	中位数/(m·s⁻¹)	频　次	风力编码	中位数/(m·s⁻¹)	频　次
1	2	4	3	8	1
2	2	626	6	4	1

表 3-67　　　秋季不同风力等级下风速 u 的统计学特征参数

风力编码	中位数/(m·s⁻¹)	频　次
2	2	550
4	2	1
6	4	1

表 3-68　　　冬季不同风力等级下风速 u 的统计学特征参数

风力编码	中位数/(m·s⁻¹)	频　次
2	2	570
5	3	2
6	2	11

3.3.1.3　兴仁县天气预报气象因子定量化

1. 天气现象编码

利用兴仁县 2011—2017 年天气预报历史资料，对气象因子统计学分布特征进行分析，以通过天气现象预判气象因子量化数值。对湄潭县 2011—2017 年的天气现象进行汇总，经统计共有 92 种天气现象，详见表 3-69。

表 3-69　　　　　　　兴仁县 2011—2017 年统计天气现象及编码

天气现象	编码	天气现象	编码
大到暴雨/大到暴雨	1	大雨/阵雨	6
大到暴雨/阵雨	2	冻雨/冻雨	7
大雨/大到暴雨	3	冻雨/小雪	8
大雨/大雨	4	冻雨/阴	9
大雨/小到中雨	5	冻雨/小雨	10

续表

天气现象	编码	天气现象	编码
冻雨/雨夹雪	11	小到中雨/阵雨	41
多云/大到暴雨	12	小到中雨/中雨	42
多云/大雨	13	小雪/雨夹雪	43
多云/多云	14	小雨/冻雨	44
多云/雷阵雨	15	小雨/多云	45
多云/晴	16	小雨/雷阵雨	46
多云/小到中雨	17	小雨/小到中雨	47
多云/小雨	18	小雨/小雨	48
多云/阴	19	小雨/中雨	49
多云/阵雨	20	小雨/阴	50
多云/中到大雨	21	小雨/雨夹雪	51
多云/中雨	22	小雨/阵雨	52
雷阵雨/暴雨	23	小雨/中雪	53
雷阵雨/大到暴雨	24	阴/大到暴雨	54
雷阵雨/大雨	25	阴/大雨	55
雷阵雨/多云	26	阴/冻雨	56
雷阵雨/雷阵雨	27	阴/多云	57
雷阵雨/小到中雨	28	阴/雷阵雨	58
雷阵雨/小雨	29	阴/小到中雨	59
雷阵雨/阴	30	阴/小雨	60
雷阵雨/阵雨	31	阴/阴	61
雷阵雨/中雨	32	阴/雨夹雪	62
晴/多云	33	阴/阵雨	63
晴/雷阵雨	34	阴/中到大雨	64
晴/晴	35	阴/中雨	65
晴/小雨	36	雨夹雪/冻雨	66
晴/阴	37	雨夹雪/小到中雪	67
晴/阵雨	38	雨夹雪/小雨	68
小到中雪/小雪	39	雨夹雪/阴	69
小到中雨/小到中雨	40	雨夹雪/雨夹雪	70

续表

天气现象	编码	天气现象	编码
雨夹雪/阵雨	71	阵雨/中雨	82
阵雨/暴雨	72	中到大雨/阵雨	83
阵雨/大到暴雨	73	中雪/小雪	84
阵雨/大雨	74	中雪/中雪	85
阵雨/多云	75	中雨/大到暴雨	86
阵雨/雷阵雨	76	中雨/大雨	87
阵雨/小到中雨	77	中雨/雷阵雨	88
阵雨/小雨	78	中雨/小雨	89
阵雨/阴	79	中雨/阴	90
阵雨/阵雨	80	中雨/阵雨	91
阵雨/中到大雨	81	中雨/中雨	92

2. 日平均相对湿度 RH

对 2011—2017 年不同天气现象下的日平均相对湿度 RH 进行统计，其统计学分布特征如图 3-47 所示。可以看出，年尺度统计下的日平均 RH 分布较为离散，若直接用来预测，可能会出现较大的误差，需要进一步细化分析。

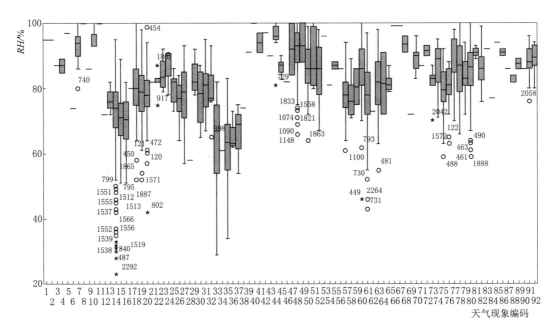

图 3-47　全年日平均相对湿度 RH 统计学分布特征

图 3-48 是按季节对不同天气现象下的日平均相对湿度 RH 进行统计分析。可以看出，分季节统计的日平均相对湿度 RH 分布离散程度明显小于年尺度。

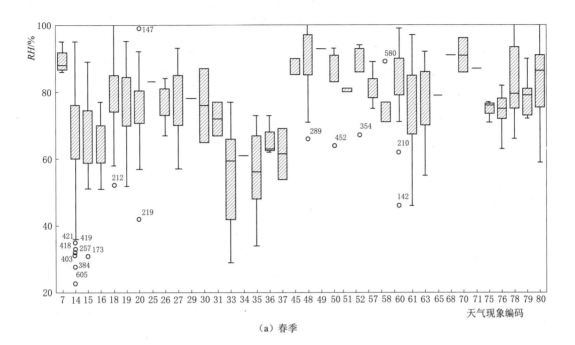

（a）春季

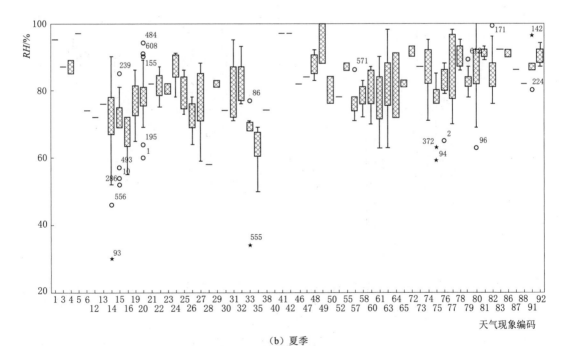

（b）夏季

图 3-48（一） 不同季节相对湿度统计学分布特征

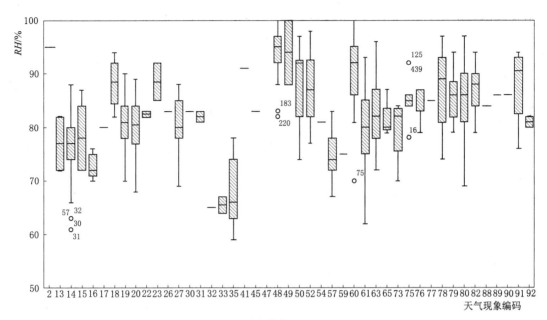

（c）秋季

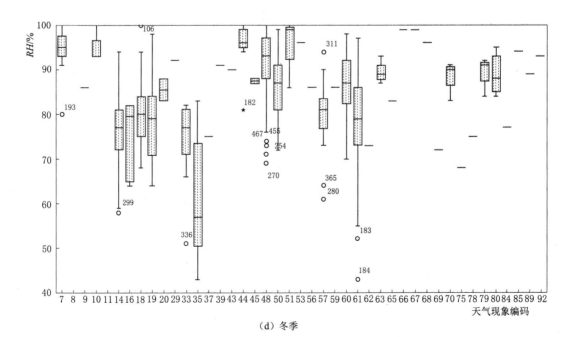

（d）冬季

图 3-48（二） 不同季节相对湿度统计学分布特征

具体不同季节的不同天气现象下的 *RH* 统计学参数详见表 3-70～表 3-73。

表 3-70　　　　　　　　　　春季不同天气现象下 *RH* 统计学特征参数

天气现象编码	中位数/%	频次	天气现象编码	中位数/%	频次
7	88	4	48	92	94
14	68	162	49	93	1
15	66	20	50	85	6
16	66	10	51	80.5	2
18	79	14	52	92	5
19	77	27	57	81	9
20	74	20	58	75	5
25	83	1	60	85	40
26	77.5	6	61	76	64
27	76	13	63	78.5	22
29	78	1	65	79	1
30	76	2	68	91	1
31	72	2	70	91	2
33	59.5	18	71	87	1
34	61	1	75	76	3
35	56	14	76	75	6
36	63	3	78	79.5	8
37	61.5	2	79	79	5
45	87.5	2	80	86.5	28

表 3-71　　　　夏季不同天气现象下日平均相对湿度 *RH* 统计学特征参数

天气现象编码	中位数/%	频次	天气现象编码	中位数/%	频次
1	95	1	15	71	17
3	87	1	16	72	3
4	87	2	19	75	20
5	97	1	20	78	55
6	74	1	21	82	1
12	72	1	22	82	3
13	76	1	23	80.5	2
14	72	126	24	90	3

续表

天气现象编码	中位数/%	频次	天气现象编码	中位数/%	频次
25	79	4	60	83.5	4
26	74	3	61	79.5	44
27	80	14	63	80.5	32
28	58	1	64	81.5	2
29	82	2	65	82	2
30	74	1	72	91.5	2
31	83.5	6	73	87	1
32	79	6	74	89	9
33	69	7	75	77	9
35	66.5	12	76	84	9
38	74	1	77	90	4
40	100	1	78	91	5
41	97	1	79	82	14
42	97	1	80	87	130
46	82	1	81	91	3
47	84	1	82	86	21
48	88	4	83	92	1
49	94	2	86	91	2
50	80	2	87	86	1
52	78	3	88	82	1
55	87	2	91	88	5
57	75	6	92	90	7
58	76	5			

表 3 - 72　　　　秋季不同天气现象下日平均相对湿度 RH 统计学特征参数

天气现象编码	中位数/%	频次	天气现象编码	中位数/%	频次
2	95	1	17	80	1
13	77	2	18	88.5	4
14	77	135	19	81	29
15	78	6	20	80.5	46
16	72	5	22	82.5	2

天气现象编码	中位数/%	频次	天气现象编码	中位数/%	频次
23	88.5	2	60	92	14
26	83	1	61	80	54
27	80	6	63	82	21
30	83	1	65	80	3
31	82	4	73	82	4
32	65	1	75	85	9
33	65.5	2	76	87	3
35	66	9	77	85	1
41	91	1	78	89	13
45	83	1	79	86	11
47	100	1	80	86	73
48	95	39	82	88	11
49	94	2	88	84	1
50	92	7	89	86	1
52	87	3	90	86	1
54	81	1	91	90.5	4
57	74	13	92	81	2
59	75	1			

表 3 - 73　　冬季不同天气现象下日平均相对湿度 *RH* 统计学特征参数

天气现象编码	中位数/%	频次	天气现象编码	中位数/%	频次
7	95	11	20	85.5	2
8	100	1	29	92	1
9	86	1	33	77	10
10	93	3	35	57	7
11	100	1	37	75	1
14	77	105	39	91	1
16	79.5	6	43	90	1
18	80	33	44	96	7
19	79	30	45	87.5	2

续表

天气现象编码	中位数/%	频次	天气现象编码	中位数/%	频次
48	93	147	67	99	1
50	87	17	68	96	1
51	99	3	69	72	1
53	96	1	70	90	3
56	86	1	75	68	1
57	81	15	78	75	1
59	86	1	79	91	3
60	87	55	80	88	5
61	79	94	84	77	1
62	73	1	85	94	1
63	89	3	89	89	1
65	83	1	92	93	1
66	99	1			

3. 日照时数 *SD*

对 2011—2017 年不同天气现象下的日照时数 *SD* 进行统计，其统计学分布特征如图 3-49 所示。可以看出，年尺度统计下的日照时数 *SD* 分布较为离散，若直接用来预测，可能会出现较大的误差，需要进一步细化分析。

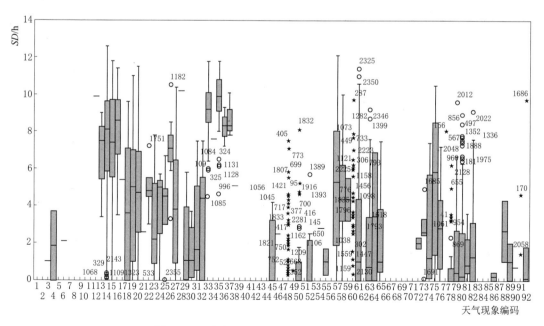

图 3-49　全年日照时数 *SD* 统计学分布特征

图 3-50 是按季节对不同天气现象下的日照时数 SD 进行统计分析。可以看出，分季节统计的日照时数 SD 分布离散程度明显小于年尺度。

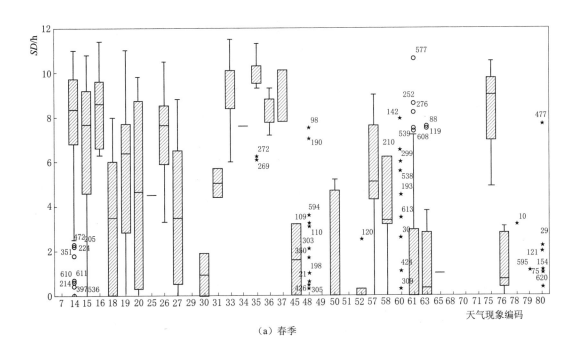

（a）春季

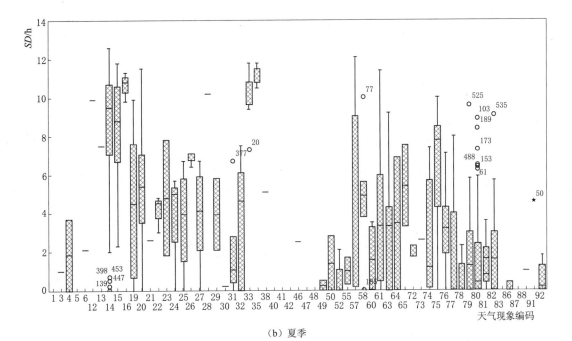

（b）夏季

图 3-50（一） 不同季节日照时数 SD 统计学分布特征

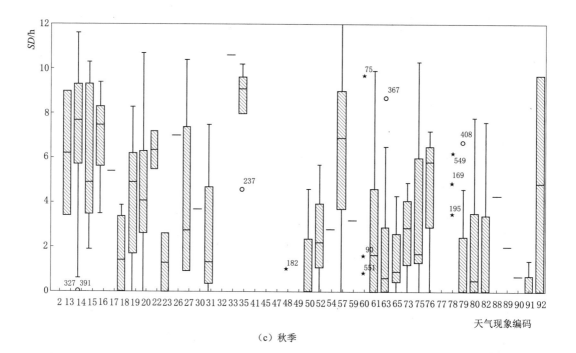

（c）秋季

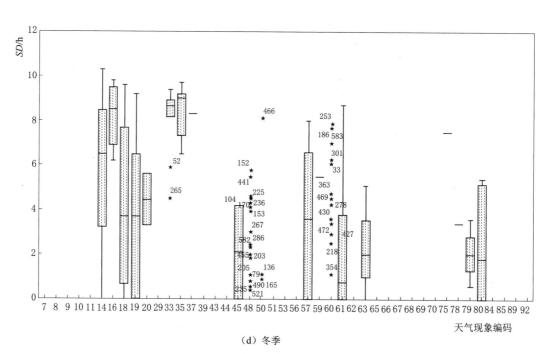

（d）冬季

图 3-50（二） 不同季节日照时数 SD 统计学分布特征

　　具体不同季节的不同天气现象下的日照时数 SD 统计学参数详见表 3-74～表 3-77。

表 3－74   春季不同天气现象下日照时数 *SD* 的统计学特征参数

天气现象编码	中位数/h	频次	天气现象编码	中位数/h	频次
7	0	4	48	0	94
14	8.35	162	49	0	1
15	7.7	20	50	0	6
16	8.6	10	51	0	2
18	3.5	14	52	0	5
19	6.4	27	57	5.1	9
20	4.65	20	58	3.4	5
25	4.5	1	60	0	40
26	7.65	6	61	0	64
27	3.5	13	63	0.35	22
29	0	1	65	1	1
30	0.95	2	68	0	1
31	5.05	2	70	0	2
33	9.35	18	71	0	1
34	7.6	1	75	9	3
35	9.9	14	76	0.75	6
36	8.3	3	78	0	8
37	8.95	2	79	0	5
45	1.6	2	80	0	28

表 3－75   夏季不同天气现象下日照时数 *SD* 的统计学特征参数

天气现象编码	中位数/h	频次	天气现象编码	中位数/h	频次
1	0	1	16	10.8	3
3	1	1	19	4.5	20
4	1.85	2	20	5.4	55
5	0	1	21	2.6	1
6	2.1	1	22	4.5	3
12	9.9	1	23	4.8	2
13	7.5	1	24	5	3
14	9.5	126	25	3.95	4
15	8.8	17	26	7.1	3

续表

天气现象编码	中位数/h	频次	天气现象编码	中位数/h	频次
27	4.15	14	61	3.2	44
28	10.2	1	63	0.75	32
29	3.95	2	64	3.45	2
30	0.2	1	65	5.4	2
31	1.05	6	72	2	2
32	4.65	6	73	2.6	1
33	9.9	7	74	1.2	9
35	11.25	12	75	7.8	9
38	5.1	1	76	3.2	9
40	0	1	77	0	4
41	0	1	78	0	5
42	0	1	79	1.3	14
46	2.5	1	80	0.4	130
47	0	1	81	0.8	3
48	0	4	82	1.6	21
49	0.25	2	83	0	1
50	1.4	2	86	0.2	2
52	0	3	87	0	1
55	1	2	88	1	1
57	6.2	6	91	0	5
58	4.9	5	92	0.2	7
60	1.5	4			

表 3-76　　　　秋季不同天气现象下日照时数 SD 的统计学特征参数

天气现象编码	中位数/h	频次	天气现象编码	中位数/h	频次
2	0	1	18	1.45	4
13	6.2	2	19	4.9	29
14	7.7	135	20	4.1	46
15	4.9	6	22	6.35	2
16	7.5	5	23	1.3	2
17	5.4	1	26	7	1

续表

天气现象编码	中位数/h	频次	天气现象编码	中位数/h	频次
27	2.75	6	61	1.65	54
30	3.7	1	63	0.6	21
31	1.3	4	65	0.9	3
32	0	1	73	2.85	4
33	10.6	2	75	1.7	9
35	9.1	9	76	5.8	3
41	0	1	77	0	1
45	0	1	78	0	13
47	0	1	79	0	11
48	0	39	80	0.5	73
49	0	2	82	0	11
50	0	7	88	4.3	1
52	2.2	3	89	2	1
54	2.8	1	90	0.7	1
57	6.9	13	91	0	4
59	3.2	1	92	4.85	2
60	0	14			

表 3-77　　　　冬季不同天气现象下日照时数 SD 的统计学特征参数

天气现象编码	中位数/h	频次	天气现象编码	中位数/h	频次
7	0	11	33	8.65	10
8	0	1	35	9	7
9	0	1	37	8.3	1
10	0	3	39	0	1
11	0	1	43	0	1
14	6.5	105	44	0	7
16	8.5	6	45	2.1	2
18	3.7	33	48	0	147
19	3.7	30	50	0	17
20	4.45	2	51	0	3
29	0	1	53	0	1

续表

天气现象编码	中位数/h	频次	天气现象编码	中位数/h	频次
56	0	1	69	0	1
57	3.6	15	70	0	3
59	5.5	1	75	7.5	1
60	0	55	78	3.4	1
61	0.75	94	79	2	3
62	0	1	80	1.8	5
63	2	3	84	0	1
65	0	1	85	0	1
66	0	1	89	0	1
67	0	1	92	0	1
68	0	1			

4. 日降水量 P

对 2011—2017 年不同天气现象下的日降水量 P 进行统计,其统计学分布特征如图 3-51 所示。可以看出,年尺度统计下的日降水量 P 分布较为离散,直接用来预测,可能会出现较大的误差,需要进一步细化分析。

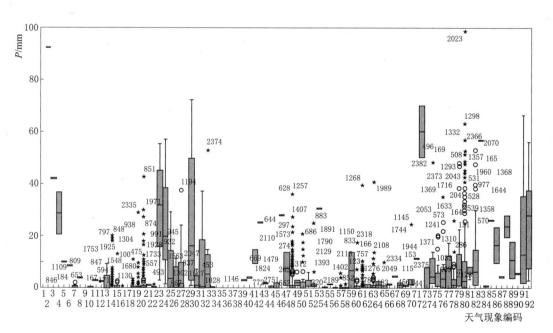

图 3-51　全年日降水量 P 统计学分布特征

　　图3-52是按季节对不同天气现象下的降水量 P 进行统计分析。可以看出，分季节统计的降水量 P 分布离散程度明显小于年尺度。

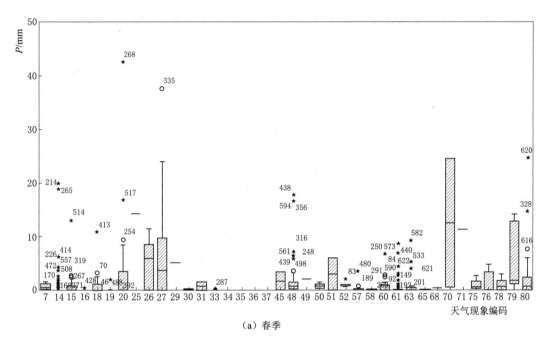

（a）春季

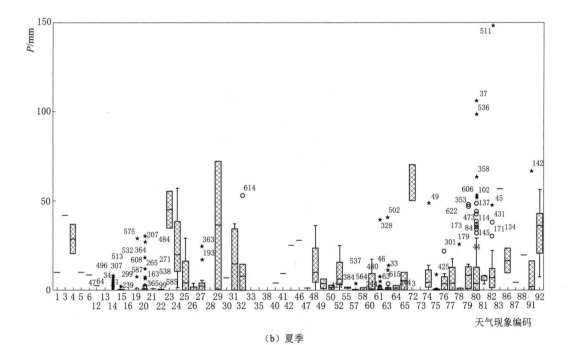

（b）夏季

图3-52（一）　不同季节日降水量 P 统计学分布特征

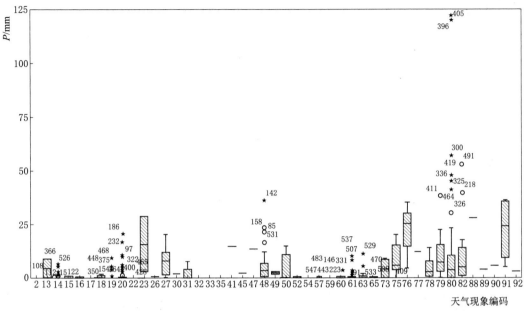

（c）秋季

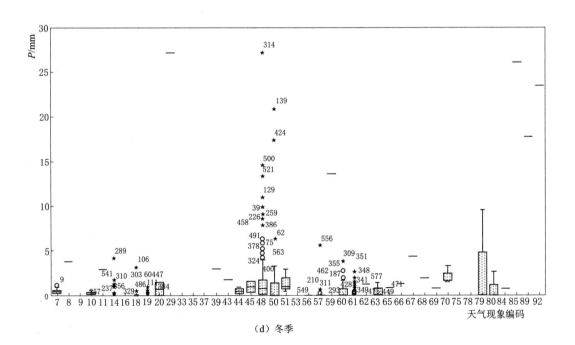

（d）冬季

图 3-52（二）　不同季节日降水量 P 统计学分布特征

具体不同季节的不同天气现象下的日降水量 P 统计学参数详见表 3-78～表 3-81。

表 3-78　　　　　　春季不同天气现象下日降水量 P 的统计学特征参数

天气现象编码	中位数/mm	频次	天气现象编码	中位数/mm	频次
7	0.5	4	48	0.8	94
14	0	162	49	2.1	1
15	0	20	50	0.75	6
16	0	10	51	3.005	2
18	0.005	14	52	0.9	5
19	0	27	57	0.1	9
20	0.25	20	58	0	5
25	14.3	1	60	0.55	40
26	5.9	6	61	0	64
27	3.7	13	63	0.005	22
29	5.1	1	65	0.2	1
30	0.1	2	68	0.4	1
31	0.75	2	70	12.6	2
33	0	18	71	11.3	1
34	0	1	75	0.6	3
35	0	14	76	0.1	6
36	0	3	78	0.7	8
37	0	2	79	1.8	5
45	1.7	2	80	0.75	28

表 3-79　　　　　　夏季不同天气现象下日降水量 P 的统计学特征参数

天气现象编码	中位数/mm	频次	天气现象编码	中位数/mm	频次
1	9.9	1	15	0	17
3	42	1	16	0	3
4	28.65	2	19	0	20
5	9.9	1	20	0	55
6	8.5	1	21	1	1
12	2.5	1	22	0.1	3
13	0	1	23	45.15	2
14	0	126	24	19.8	3

续表

天气现象编码	中位数/mm	频次	天气现象编码	中位数/mm	频次
25	1.85	4	60	0.65	4
26	0	3	61	0	44
27	0.45	14	63	0.055	32
28	0	1	64	1.2	2
29	36.55	2	65	5.1	2
30	7	1	72	60.2	2
31	14.8	6	73	0	1
32	8	6	74	4.4	9
33	0	7	75	0.1	9
35	0	12	76	3.6	9
38	0	1	77	3.85	4
40	4	1	78	0.4	5
41	9.4	1	79	8.25	14
42	25.2	1	80	3.6	130
46	27.9	1	81	7.8	3
47	1.1	1	82	7	21
48	10.05	4	83	56.8	1
49	3.55	2	86	16.6	2
50	1.7	2	87	4.4	1
52	6.2	3	88	19.6	1
55	1.45	2	91	2	5
57	0	6	92	36.2	7
58	0.1	5			

表 3－80　　　　秋季不同天气现象下日降水量 P 的统计学特征参数

天气现象编码	中位数/mm	频次	天气现象编码	中位数/mm	频次
2	92.5	1	17	0	1
13	4.6	2	18	0.15	4
14	0	135	19	0	29
15	0.2	6	20	0	46
16	0	5	22	0	2

天气现象编码	中位数/mm	频次	天气现象编码	中位数/mm	频次
23	15.8	2	60	0.2	
26	0.8	1	61	0	
27	8	6	63	0.1	
30	1.8	1	65	0	
31	0.1	4	73	4	
32	0	1	75	5.7	
33	0	2	76	25.2	
35	0	9	77	12.1	
41	14.8	1	78	2.7	
45	2.1	1	79	7.1	
47	13.7	1	80	3.6	
48	3.3	39	82	4.8	
49	2.45	2	88	27.9	
50	0.1		89	3.9	
52	0.2		90	5.6	
54	0		91	24.05	
57	0		92	3.05	
59	0				

表 3-81　　　　冬季不同天气现象下日降水量 P 的统计学特征参数

天气现象编码	中位数/mm	频次	天气现象编码	中位数/mm	频次
7	0.5	11	29	27.2	1
8	3.8	1	33	0	10
9	0	1	35	0	7
10	0.2	3	37	0	1
11	2.9	1	39	3	1
14	0	105	43	1.8	1
16	0	6	44	0.5	7
18	0	33	45	1	2
19	0	30	48	0.8	147
20	0.75	2	50	0.1	17

续表

天气现象编码	中位数/mm	频次	天气现象编码	中位数/mm	频次
51	1	3	68	2	1
53	30.5	1	69	0.9	1
56	0.1	1	70	1.7	3
57	0	15	75	0	1
59	13.6	1	78	0	1
60	0.1	55	79	0	3
61	0	94	80	0	5
62	1.3	1	84	0.8	1
63	0.1	3	85	26.1	1
65	0.9	1	89	17.8	1
66	1.4	1	92	23.5	1
67	4.4	1			

5. 风速 u

利用兴仁县 2011—2017 年天气预报历史资料，对风速 u 统计学分布特征进行分析，以通过风力现象预判风速 u。对兴仁县近 2011—2017 年的风力情况进行汇总，经统计共有 6 种风力等级，详见表 3 - 82。

表 3 - 82　　　　　　　　兴仁县 2011—2017 年统计的风力等级及编码

风力等级	编　　码	风力等级	编　　码
<3 级	1	3～4 级/微风	4
≤3 级	2	5～6 级/≤3 级	5
3～4 级/3～4 级	3	微风	6

对 2011—2017 年不同风力等级下的风速 u 进行统计，其统计学分布特征如图 3 - 53 所示。可以看出，年尺度统计下的风速 u 分布较为离散，直接用来预测，可能会出现较大的误差，需要进一步细化分析。

图 3 - 54 是按季节对不同风力等级下的风速 u 进行统计分析。可以看出，分季节统计的风速 u 分布离散程度明显小于年尺度。

具体不同季节的不同天气现象下的风速 u 统计学参数详见表 3 - 83～表 3 - 86。

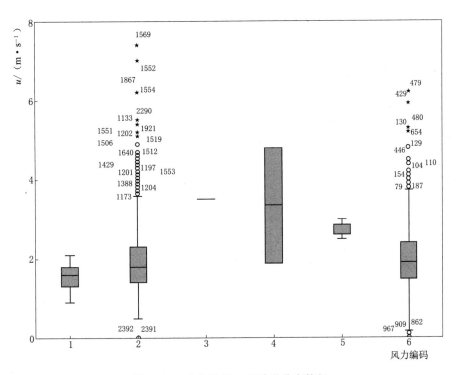

图 3-53 全年风速 u 统计学分布特征

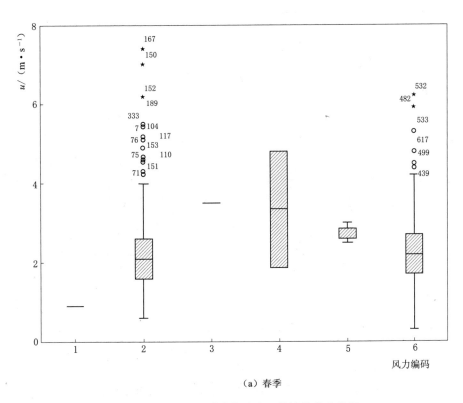

（a）春季

图 3-54（一） 不同季节风速 u 统计学分布特征

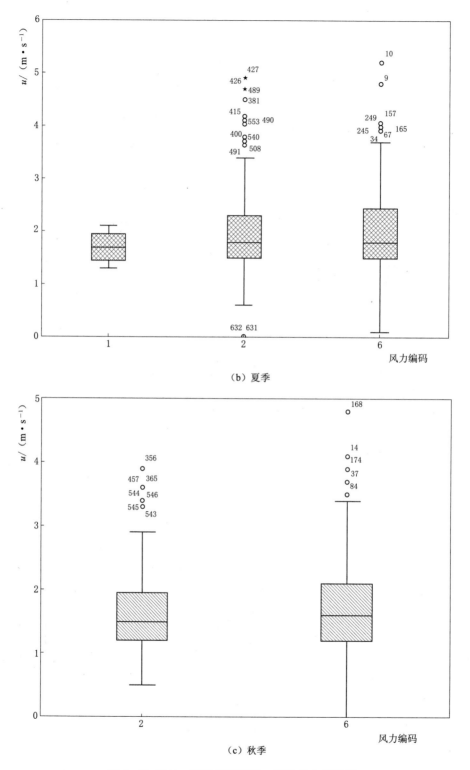

（b）夏季

（c）秋季

图 3-54（二）　不同季节风速 u 统计学分布特征

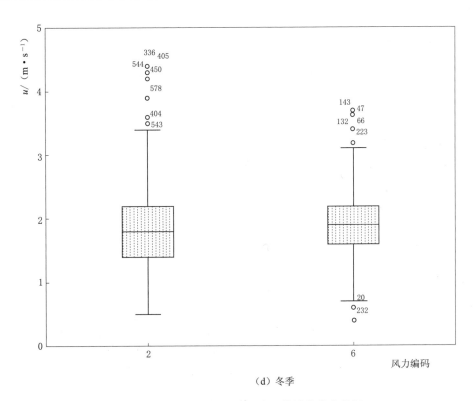

（d）冬季

图 3-54（三） 不同季节风速 u 统计学分布特征

表 3-83 春季不同风力等级下风速 u 的统计学特征参数

风力编码	中位数/(m·s⁻¹)	频　次	风力编码	中位数/(m·s⁻¹)	频　次
1	0.9	1	4	3.35	2
2	2.1	353	5	2.7	3
3	3.5	1	6	2.2	265

表 3-84 夏季不同风力等级下风速 u 的统计学特征参数

风力编码	中位数/(m·s⁻¹)	频　次	风力编码	中位数/(m·s⁻¹)	频　次
1	1.7	4	6	1.8	276
2	1.8	352			

表 3-85 秋季不同风力等级下风速 u 的统计学特征参数

风力编码	中位数/(m·s⁻¹)	频　次
2	1.5	276
6	1.6	276

表 3-86 冬季不同风力等级下风速 u 的统计学特征参数

风力编码	中位数/(m·s⁻¹)	频　次
2	1.8	347
6	1.9	236

3.3.2　实证应用

1. ET_0 的计算

以湄潭县为例，2013 年 2 月 25 日为基准，未来 5d 的天气状况见表 3-87。

表 3-87　　　　　　　　　　　　未 来 5d 的 天 气 预 报

日期/(年.月.日)	T_{max}/℃	T_{min}/℃	天气状况（编码）	风力（编码）
2013.2.26	9.7	7.4	小雨/阴（44）	≤3 级（2）
2013.2.27	9.1	7.1	阴/小雨（56）	≤3 级（2）
2013.2.28	8.9	6.8	阴/阵雨（59）	≤3 级（2）
2013.3.1	9.4	6.7	阵雨/小雨（75）	≤3 级（2）
2013.3.2	7.6	4.6	小雨/阴（44）	≤3 级（2）

根据表 3-87 和本章第 3.3.1 节的气象要素定量化方法，对该时段内的气象要素定量化表示见表 3-88。

表 3-88　　　　　　　　　　　　未来 5d 的气象要素定量表示

日期/(年.月.日)	T_{max}/℃	T_{min}/℃	P/mm	RH/%	SD/h	u/(m·s^{-1})
2013.2.26	9.7	7.4	1.7	81	0	1.5
2013.2.27	9.1	7.1	0.3	84	0	1.5
2013.2.28	8.9	6.8	0.3	84	0	1.5
2013.3.1	9.4	6.7	0.7	90	0	1.5
2013.3.2	7.6	4.6	1.7	81	0	1.5

ET_0 的计算结果显示，采用天气预报计算的 ET_0，与采用实际气象数据利用 Penman-Monteith 公式计算的 ET_0 误差最小，表明采用天气预报预测 ET_0 是可行的，见表 3-89。

2. 土壤水分和腾发量迭代计算

根据墒情监测资料，已获得 2 月 25 日的土壤含水率为 17%，通过本书式（2-14）可预测未来 5d 土壤水分和旱情变化情况，见表 3-90、表 3-91。结果表明：采用天气预报和水量平衡法结合获得预报的土壤含水率比较吻合实际，土壤相对湿度均位于 83%～89%，属于轻度以下干旱见表 3-92。

表 3-89 未来 5d 的 ET_0 计算结果

项目	日期/(年.月.日)					与项目 1 误差
	2013.2.26	2013.2.27	2013.2.28	2013.3.1	2013.3.2	
1	1.65	1.46	2.39	1.48	1.70	—
2	1.21	1.42	1.40	1.36	1.35	20%
3	2.14	2.13	3.19	2.86	1.84	42%
4	1.05	0.88	1.34	1.06	0.69	42%

注 项目 1、2、3、4 分别表示利用实际气象要素数值采用 Penman - Monteith 公式计算的 ET_0、利用天气预报估算的气象要素数值采用 Penman - Monteith 公式计算的 ET_0、利用天气预报估算的气象要素数值采用 Hargreaves 公式计算的 ET_0、利用天气预报估算的气象要素数值采用经验公式计算的 ET_0。

表 3-90 2013 年未来 5d 的土壤水分预测结果

项 目	日期/(年.月.日)				
	2013.2.26	2013.2.27	2013.2.28	2013.3.1	2013.3.2
实测/%	17.4	17.06	16.9	17.86	17.21
采用实际气象要素预测/%	17.16	16.86	16.57	16.79	16.53
采用天气预报资料预测/%	17.16	16.95	16.74	16.67	16.93

表 3-91 2013 年未来 5d 的土壤相对湿度预测结果

项 目	日期/(年.月.日)				
	2013.2.26	2013.2.27	2013.2.28	2013.3.1	2013.3.2
实测/%	87	85	85	89	86
采用实际气象要素预测/%	86	84	83	84	83
采用天气预报资料预测/%	86	85	84	83	85

表 3-92 2013 年未来 5d 的土壤旱情预测结果

项 目	日期/(年.月.日)				
	2013.2.26	2013.2.27	2013.2.28	2013.3.1	2013.3.2
实测	轻度以下干旱	轻度以下干旱	轻度以下干旱	轻度以下干旱	轻度以下干旱
采用实际气象要素预测	轻度以下干旱	轻度以下干旱	轻度以下干旱	轻度以下干旱	轻度以下干旱
采用天气预报资料预测	轻度以下干旱	轻度以下干旱	轻度以下干旱	轻度以下干旱	轻度以下干旱

3. 旱灾评估

采用式（2-12）计算得到灾损指数为 2%，结合表 2-3，得到灾情为轻度以下干旱。

3.4　小结

　　本章构建了贵州省 3 个典型县旱情旱灾预测模型。通过不同模型比较，论证了本书研究的计算 ET_0 方法的合理性；同时，对土壤水分参数，如田间持水量、凋萎系数等进行了甄别和修正，获得了基本符合实际的模型参数；最后，基于天气预报，将其进行转化，变换为可进行定量计算的模型，为基于天气预报的实时动态旱情旱灾预测系统的研发提供了理论基础。

第 4 章

贵州省典型区干旱预警

预警系统是指为了尽早准确的应对突发公共事件而设定的用来判断突发事件来临的信号。突发事件的风险源和毁坏程度可通过信号反映出来。预警系统不仅是监测风险的系统，同时还为相关社会机构部门提供及时有效信息，以便根据风险等级做出相应的应对措施。一个有效的预警系统通常由 5 个相互关联的部分组成：预测、判断、交流、回应及检查。

4.1 旱情预警机制的构建

4.1.1 预警的起源和发展

"预警"一词在《辞海》中的解释有警告之意，即事先警告、提醒被告人的注意和警惕。我国古代劳动人民就有朴素的预警思想，以敲警钟的次数或快慢作为不同的信号，用来防火、防盗等提示。

近代"预警"一词作为军事术语，其原义是指在敌人进攻之前发出警报，以做好防守应战乱的准备。19 世纪末，随着预警在军事领域中的发展，人们逐步开始把预警思想转向于民用领域，但主要是对宏观经济的预测与警示，以显示一个国家经济运行过热或过冷的不良状态。比较有代表性的理论有巴布森的（Roger W. Babson）"经济活动指数"、伯恩斯（Arthur F. Bums）等编制的"美国一般商情指数"（即哈佛指数）等；20 世纪 50 年代，美国提出了"程式性调控制度"，这实际上是最早的预警分析；1961 年，美国商务部正式将美国全国经济研究局（National Bureau of Economic Research，NBER）景气监测系统的输出信息在其刊物《经济循环发展》上逐月发表，以数据和图表两种形式提供宏观景气动向的信号，使宏观经济监测预警系统从民间研究正式走向官方实际应用的阶段；随后，欧美一些国家开始将预警思想运用于微观经济领域，对企业的经营状况进行事前监测，以便在企业经营出现险情之前，发出警告，采取措施，加以排除。目前，在经济领域中应用最为广泛且相对成熟的预警理论及相应的预警分析模型有"Z 分数模型""Edmister 模型""F 分数模型""多微区分模型"等。

随着系统科学的不断发展和社会生产力的提高，预警理论不断完善，系统预警方法被广泛地应用于经济、社会、人口、资源、环境等各个方面。例如在自然灾害方面，有地震预测预警、台风预警、洪水监测预警、干旱监测预警、泥石流预警等；在社会宏观领域，有城市安全减灾预警、失业预警、耕地生态经济学预警、环境预警等；在经济领域预警研究包含宏观经济预警和微观经济预警等。

我国预警理论的研究虽起步较晚，但发展迅速：从 20 世纪 80 年代宏观经济的周期波动特性被关注，到 1989 年宏观经济预警的理论研究的开展，再到 20 世纪 90 年代中国特色的宏观监测预警系统的初步建立；现在我国的预警机制已广泛应用于环境、气象、洪水、地震、农业、航空、金融、企业管理等众多领域。

4.1.2　预警的含义及原理

预警是指先对某系统进行预测，度量其状态、判断其演化发展的趋势，然后根据其预测的结果，采取相应的警觉措施的过程。干旱预警就是将预警的理论、方法应用到抗旱成灾的领域中，通过建立预警模型来计算与分析各种区域旱情预警状态、发展趋势，对区域旱情可能造成的危害实时报警，并采取防范措施，以保证社会经济的安全运行。

预警系统的原理是选择一组反映某系统发展状况的敏感指标，运用相关数据处理方法，将多个指标合并为一个综合性的指标，通过一组类似于交通管理系统中的红、黄、绿信号灯的标识，利用这组指标和综合指标对当时的系统状况发出不同的信号，通过观察信号的变动情况，来判断系统未来状况的趋势。

对干旱进行预警，首先要分析历史上发生干旱的成因和规律，然后选取预警指标；其次根据选取好的预警指标来监测研究区的水文、土壤、气象等因素变化，进而可以尽早发现各个时段干旱发生的时刻；最后再通过与未来天气气象的变化进行结合，预测干旱在将来某一时段内发生的时间、范围和强度，并通过发布系统把不同阶段的预警信息发布出去，为决策部门制定抗旱措施和组织救灾提供依据。

4.1.3　预警的逻辑过程

干旱预警机制的逻辑过程主要包括以下 5 个阶段：明确警义、寻找警源、分析警兆、预报警度和排除警患。干旱预警原理流程图如图 4-1 所示。

旱情预警的前提是明确警义，基础是预警研究；分析警情产生的原因是寻找警源，也是排除警患的基础；分析警兆是关联因素的分析，是预报警度的基础；排除警患的根据是预报警度，预警的最终目标是排除警患。

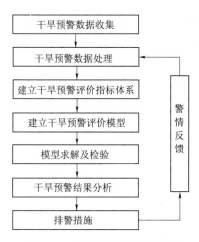

图 4-1　干旱预警原理流程图

1. 明确警义

警义是指在旱情发展过程出现警情的含义，明确警义是预警的起点，它包括警素和警度两个方面。警素是指构成警情的指标，也就是出现了什么样的警情。旱情预警就是要对影响旱情的各要素变化过程中即将出现的"危险点"或"危险区"作出预计，发出警报，从而为区域旱情的管理、控制和决策提供依据，这种"危险点"或"危险区"实为旱情发展过程中的一种极不正常的情况，在预警科学中称为警素。警素的严重程度即"危险点"或"危险区"的危害程度被称为警度。

明确警义主要从警素和警度两个方面来考察。旱情发展过程中曾经出现、现在已有或将来可能出现的警素是多种多样的，需结合当地实际干旱情况，确定警素。

2. 寻找警源

警源是警情产生的根源，分为内源与外源两种。内源是自然背景条件下所产生的警源，是指自然界中一些容易发生异常变化而导致自然灾害并由此引发旱情警情的客观信息。从警源的可控性而言，警源可以分为 A 类警源和 B 类警源。A 类警源是指可控性较弱的警源，如当地的自然条件，气象因素等；B 类警源是指可控性较强的警源，如合理配置水资源、节约用水技术等。

排除警患，需要先寻找警源。不同警素的警源指标不同；即使同一警素，不同的时空范围内，警源指标也不相同。因此，需针对具体警素，找到问题所在。

3. 分析警兆

在警情爆发之前总会有一定的先兆出现，即警兆。预警中的关键环节是分析警兆，然后进一步分析警兆与警素的数量关系，找出与警素相对应的警兆区间，即各指标的值处在警区的何种位置，然后借助于警兆的警区进行警素的警度评估和预报。警情从产生到爆发有一个生命周期，称之为警情生命周期，如图 4-2 所示。

警情生命周期分为 5 个过程，分别是孕育期、潜伏期、发展期、爆发期和休眠期。在孕育期，尚无威胁因素，此时并不存在警兆；在潜伏期，干旱风险已出现，但是绝大多数情况下是合理的风险，此时会出现不易察觉的警兆，尚不构成威胁，易被人们所忽略；在发展期，干旱风险已经转化为威胁，开始对当地水资源的利用产生副作用，此时警兆明显增多，但此阶段警兆也不易被察觉；在爆发期，警兆是最易识别的，此时警兆大量出现，警情变得紧急，如若不采取紧急措施，水资源危机就转化为旱灾；进入休眠期，警情得到释放而下降，但此时水资源系统已彻底遭到破坏，旱灾已发生。

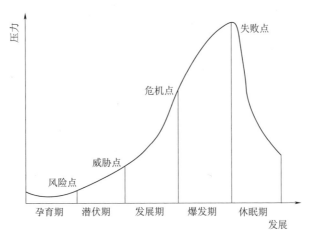

图 4 - 2　警情生命周期

4. 预报警度

警度预报通常有两种方法：①建立警素的普通模型，计算后根据警限转化为警度；②关于警素的警度模型，直接由警兆的警级预测警素的警度，这是一种等级回归技术。通常把警度划分为 5 个等级即无警、轻警、中警、重警和特警，这 5 级警度分别与警素指标的数量变化区间，即警限相对应，并采用类似交通信号灯的方法对外发布警度等级信号。

确定警度的关键并不是将警度等级进行具体划分，而是在于警限的确定。一般情况下，警限的确定除要考虑水资源自身的问题外，还要考虑警情严重程度的模糊性，"正常"与"不正常"，"有警"与"无警"都没有明确的分界线，不仅与评价对象有关，而且与评价主体的价值观念密切相关。

5. 排除警患

如若有"警"发生，需根据警兆的变动情况，参照警情的警限或警情等级，联系警兆的报警区间，从而采取相应措施，排除警患，减小警度，防止警度的扩大，使干旱情况下的水资源系统在未来可预警的时段内保持正常状态是预警所要实现的最终目标。

4.1.4　预警的分类

根据预警的方法，可将其分为统计分析预警和系统分析预警。

（1）统计分析预警，即采用统计分布模型及方法对干旱情况下水资源短缺预警进行警度划分和警限确定。

（2）系统分析预警，即采用系统分析计算模型对水资源因干旱造成的短缺进行预警。

4.1.5 预警和预测的关系

预警与预测在一定程度上是一致的，都是根据历史数据、现状数据来预测未来，为管理部门把握现状和未来做到心中有数，早作安排。预警是在预测的基础上发展而来的，但预警又不完全等同于预测，其为更高层次的一种预测，两者之间的区别主要有：

（1）研究的对象不同：预警的对象即警素必须反映系统运动态势的重大现象；而预测的对象比较广泛，只要是人们未知的现象都可以作为预测对象。

（2）内涵的广度不同：预警的内涵比预测广，预警既包括对预警对象现状的评价，也包括对预警对象未来状况的预测。

（3）强调的重点不同：预警强调调控的超前性，而预测则强调时序的预见性；干旱预警着重对一定状态的干旱发展过程的进行描述，并根据警兆确定状态的走势，而预测主要面向干旱的未来状态。

（4）数据的要求不同：预警是用现在推断将来，其使用的数据必须是对已发生的系统现象的描述，即数据应反映实际情况；而预测所用的数据则可以是人为估计和预计的。

（5）预报的结果不同：预警预报的结果是区域旱情发展的态势即警素，一般针对每一种警情，都给出相应的对策性建议；而预测预报的结果可以是定量的，也可以是定性的，而且一般不给出对策。

（6）方法的机理不同：一般预测就其机理而言是对系统平均超热的"平滑"，而预警恰恰是为了提示平均趋势的波动和异常。

（7）表现的功能不同：预测是在对系统变量的自身变化规律和某一变量与另外一些变量之间的变化关系规律的研究基础上，利用数学方法和计量模型，对系统变量的变化趋势做出量的估计。其除了利用各种统计检验方法对所预测的变量的统计可靠性做出优劣评价外，基本上不从价值意义上评价这种子变量变化趋势的好坏。而预警除了具有预测的上述功能外，还可以以预测值区间对其在价值意义上进行好坏评价，使决策者能够非常直观地对预测值进行价值的判断与选择。

4.1.6 干旱预警指标的分类

4.1.6.1 气象干旱指标

一般情况下，气象干旱发生时，不仅降水量偏少，而且会伴随着少云、日照时间增长、气温升高和空气干燥。气象干旱的发生会造成降水对土壤含水量和地表、地下径流补给量的减少。降水指标是气象干旱指标中最常见的指标，主要有标准化降水指数、降水量距平百分率、相对湿润度指数、综合气象干旱指数和连续无雨日数，由于降水量是影响干旱的主要因素，降水量的多少基本反映了天气的干湿状况，加之降水量指标具有简便、直观、资料准确丰富的特点，在干旱分析和相关研究中应用较多。

（1）标准化降水指数 SPI（Standardized Precipitation Index）。计算公式为

$$SPI = \pm \frac{t - (c_0 + c_1 + c_2 t^2)}{1 + d_1 t + d_2 t^2 + d_3 t^3} \qquad (4-1)$$

式中　　　　　　　　　t——累积概率的函数；

c_0、c_1、c_2、d_1、d_2、d_3——系数，当 $t < 0.5$ 时取负号，否则取正值。

Hayes 使用 SPI 监测美国的干旱得到了很好的效果，但是 SPI 假定了所有地点旱涝发生概率相同，无法标识频发地区，此外没有考虑水分的支出。

（2）降水量距平百分率 P_a。表征某时段降水量较常年同期值偏多或偏少的指标之一，能直观反映降水异常引起的干旱，计算公式为

$$P_a = \frac{P - P_0}{P_0} \times 100\% \qquad (4-2)$$

式中　P——某时段降水量，mm；

P_0——计算时段同期气候平均降水量。

降水量距平百分率以历史平均水平为基础确定旱涝程度，反映了某时段降水量相对于同期平均状态的偏离程度。这种方法在我国气象台站中经常使用，但是降水量距平百分率对平均值的依赖性较大，对于降水时空分布极不均匀的西北地区不宜使用统一的降水量距平百分率标准。

（3）连续无雨日数。指作物在正常生长期间，连续无有效降雨的天数。有效降雨指：春季 3—5 月和秋季 9—11 月，一日雨量大于 3mm 的降水；夏季 6—8 月一日雨量大于 5mm 的降水。

（4）相对湿润度指数 MI。表征某时段降水量与蒸发量之间平衡的指标之一，某时段降水量与同一时段长有植被地段的最大可能蒸发量相比的百分率，计算公式为

$$MI = \frac{P - PE}{PE} \qquad (4-3)$$

式中　P——某时段的降水量，mm；

PE——某时段的可能蒸发量，mm，采用 FAO Penman - Monteith 或 Thornthwaite 方法计算。

（5）综合气象干旱指数 CI。以标准化降水指数、相对湿润度指数和降水量为基

础建立的一种综合指数。用近 30d（相当于月尺度）和近 90d（相当于季尺度）降水量标准化降水指数，以及近 30d 相对湿润度指数进行综合而得，既反映短时间尺度（月）和长时间尺度（季）降水量气候异常情况，又反映短时间尺度（影响农作物）水分亏欠情况。该指标适合实时气象干旱监测和历史同期气象干旱评估，计算公式为

$$CI = \alpha Z_3 + \gamma M_3 + \beta Z_9 \tag{4-4}$$

当 $CI > 0$ 时，$P_{10} \geqslant P_a$；$P_{30} \geqslant 1.5 P_a$，并且 $P_{10} \geqslant \dfrac{P_a}{3}$；或 $P_d \geqslant \dfrac{P_a}{2}$，则 $CI = CI$；否则 $CI = 0$。

当 $CI < 0$，并且 $P_{10} \geqslant E_0$ 时，则 $CI = 0.5 CI$；当 $P_y < 200\text{mm}$，$CI = 0$。

$P_a = 200\text{mm}$，$E_0 = E_5$，当 $E_5 < 5\text{mm}$ 时，则 $E_0 = 5\text{mm}$。

式中　α——近 30d 标准化降水系数，平均取 0.4；

　　　γ——近 90d 标准化降水系数，平均取 0.4；

　　　β——近 30d 相对湿润系数，平均取 0.8；

Z_3、Z_9——近 30d 和 90d 标准化降水指数 SPI；

　　　M_3——近 30d 相对湿润度指数；

　　　E_5——近 5d 的可能蒸散量，采用 Thornthwaite 方法计算；

　　　P_{10}——近 10d 降水量；

　　　P_{30}——近 30d 降水量；

　　　P_d——近 10d 一日最大降水量；

　　　P_y——常年年降水量。

通过式（4-4），利用逐日平均气温、降水量滚动计算每天综合干旱指数 CI 进行逐日实时干旱监测。

（6）降水指数 Z。由于某一时段的降水量一般并不服从正态分布，假设其服从 Person-Ⅲ 型分布，通过对降水量进行正态化处理，可将概率密度函数 Person-Ⅲ 型分布转换为以 Z 为变量的标准正态分布，计算公式为

$$Z = \frac{6}{C_s}\left(\frac{C_s}{2}\phi + 1\right)^{1/3} - \frac{6}{C_s} + \frac{C_s}{6} \tag{4-5}$$

$$C_s = \frac{\sum\limits_{i=1}^{n}(R_i - \overline{R})^3}{nS^3}$$

式中　ϕ——降水的标准化变量；

　　　C_s——偏态系数；

　　　n——样本数；

　　　S——样本均方差；

R_i——降水量值；

$\overline{R}$——降水量平均值。

Z 指数是对不服从正态分布的变量经过正态化处理以后而得到的，因而对于降水时空分布不均匀的西北地区可使用。

（7）降水温度均一化指标 I_s。降水标准化变量与温度标准化变量之差，即

$$I_s = \frac{R - \overline{R}}{\sigma_R} - \frac{T - \overline{T}}{\sigma_T} \qquad (4-6)$$

式中　　R——时段降水量；

$\overline{R}$——多年平均降水量；

σ_R——降水量均方差；

T——时段平均气温；

$\overline{T}$——多年平均气温；

σ_T——气温均方差。

I_s 考虑了气温对干旱发生的影响，一般地，在其他条件相同时，高温有利于地面蒸发，反之则不利于蒸发，因此当降水减少时，高温将加剧干旱的发展或导致异常干旱，反之将抑制干旱的发生与发展，从气温对干旱的影响物理机制上讲是完全正确的。但气温对干旱的影响程度是随地区和时间不同的，因此，在运用 I_s 指标时，应对温度影响项加适当权重。

（8）降水标准化变量 M。某一时段的降水量距平值与历年同期降水量标准差的百分比来表示，其平均值为 0，方差为 1。计算公式为

$$M_i = \frac{100(X_i - X)}{\sigma} \qquad (4-7)$$

4.1.6.2　农业干旱指标

传统的农业干旱监测指标包括帕尔默干旱指数、地表水分供应指数、作物湿度指数、土壤相对湿度、作物受旱率和区域农业旱情综合指数。

（1）帕尔默干旱指数 $PDSI$（Palmer Drought Severity Index）。$PDSI$ 是一种被广泛用于评估旱情的干旱指标，该指标不仅列入了水量平衡概念，考虑了降水、蒸散、径流和土壤含水量等条件，同时也涉及一系列农业干旱问题，考虑了水分的供需关系，具有较好的时间、空间可比性。用该指标的方法基本上能描述干旱发生、发展直至结束的全过程。因此，从形式上用 Palmer 方法可提出最难确定的干旱特性，即干旱强度及其持续时间。

（2）地表水分供应指数 $SWSI$（Surfacewater Supply Index）。$SWSI$ 是对 $PDSI$

的一个补充，由 Shafer 和 Dez－man 在 1982 年设计开发，该指数既不考虑地形差异，也不考虑地表积雪及其产生的径流。$SWSI$ 的目的是把水文和气候特征耦合成一个综合的指数值。计算 $SWSI$ 的主要输入参数有积雪当量、流量及流速、降雨量、水库存储量。$SWSI$ 的最大优点是计算简单，能够反映流域内的地表水分供应状况。由于 $SWSI$ 在每个地区或流域的计算都不一样，因此流域之间或地区之间的 $SWSI$ 缺乏可比性。

（3）作物湿度指数 CMI（Crop Moisture Index）。由降水亏缺计算得到的 $PDSI$ 对监测长期干旱状况是一个非常有用的指标，然而，农作物在关键生长季节对短期的水分亏缺是高度受影响的，并且降水亏缺的发生与土壤水分引起的农业干旱之间有一个滞后时间。为此，Palmer 在 PDSI 的基础上开发了 CMI 作为监测短期农业干旱的指标，CMI 主要是基于区域内每周或旬的平均温度和总降水来计算，能快速反映农作物的土壤水分状况。CMI 已被美国农业部（USDA）采用并在其《天气和作物周报》上作为短期作物水分需求指标发布。

（4）土壤相对湿度 R。土壤相对湿度是土壤湿度占田间持水量的百分比，它是表征土壤中含有水分多少的指示性指标，能够直接反应农作物可利用水分高低的程度。它采用 10～20cm 深度的土壤相对湿度，实用范围为旱地农作物，计算式为

$$R = \frac{\omega}{f_c} \times 100\% \tag{4-8}$$

式中　R——土壤相对湿度，%；

　　　ω——土壤重量含水率，%；

　　　f_c——土壤田间持水量，%。

（5）作物受旱率 S_I。作物受旱率是指某一地区某时段作物受旱面积占总播种作物面积的百分比，计算式为

$$S_I = \frac{A_1}{A_0} \times 100\% \tag{4-9}$$

式中　A_1——区域内作物受旱面积，包括水田和旱田，万亩；

　　　A_0——区域内作物种植面积，万亩。

（6）区域农业旱情指数 I_a。评估区域农业旱情，计算式为

$$I_a = \sum_{i=1}^{4} A_i B_i \tag{4-10}$$

式中　I_a——区域农业旱情指数，指数区间为 0～4；

　　　i——农作物旱情等级，$i=1$、2、3、4，依次代表轻、中、严重和特大干旱；

A_i——某一旱情等级农作物面积与耕地总面积之比，%；

B_i——不同旱情等级的权重系数，轻、中、严重和特大干旱的权重系数 B_i 分别赋值为 1、2、3、4。

4.1.6.3　水文干旱指标

水文干旱指标是根据水量平衡方程，考虑不同干旱情况下的供水保证率，如以河川径流低于一定供水要求阈值的历时和不足量、以衡量水利设施的蓄水量为特征的指标等。通常包括水库蓄水量距平百分率、河流来水量距平百分率、河流水位、地下水埋深、城市干旱缺水率等。

水库蓄水量距平百分率和河流来水量距平百分率是反映一个地方地表水丰枯程度的重要指标，这些地表水往往是一个区域供水的主要来源；地下水埋深则是反映地下水多少的指标，它可以直观的表现地下水，并且容易测得。在水文指标中常选用水库蓄水量距平百分率、河流来水量距平百分率等来监测区域干旱的程度。

（1）水库蓄水量距平百分率 I_k。其计算式为

$$I_k = \frac{S - S_0}{S_0} \times 100\% \qquad (4-11)$$

式中　S——当前水库蓄水量，万 m^3；

S_0——同期多年平均蓄水量，万 m^3。

（2）河流来水量距平百分率 I_r。其计算式为

$$I_r = \frac{R_w - R_0}{R_0} \times 100\% \qquad (4-12)$$

式中　R_w——当前江河流量，$m^3 \cdot s^{-1}$；

R_0——多年同期平均流量，$m^3 \cdot s^{-1}$。

4.1.6.4　社会经济干旱指标

社会经济干旱与其他干旱类型明显不同，因为它是按正常用水需求是否得到满足来定义的。

人均可获得水资源量是衡量可利用水资源的程度指标之一，它是指在一个地区（流域）内，某一个时期按人口平均每个人占有的水资源量，单位为 $L \cdot (人 \cdot d)^{-1}$。

由于各乡镇地理位置不同，距离县城较近的乡镇，饮水设施等较为完善；部分乡镇地处深山，水利设施相对较少，因此将各乡镇人口划分 5 个等级，来作为预警等级标准。

4.1.7 贵州干旱预警指标体系的构建

1. 预警指标选择原则

预警指标体系由多部分组成，能够表示危机趋势和风险程度的主要特征量。

选择预警指标一般遵循以下原则：

（1）动态性原则。旱情的发展随着时间条件的变化和推移而发生着变化，个别预警指标可能不再具有预测作用。为了充分代表预警指标，需要随时随地调整和替换新的预警指标。

（2）匹配性原则。预警方法和预警目的应当与预警指标相互匹配，预警方法不同，预警目的不同，预警指标也不尽然相同。

（3）可靠性原则。在选预警指标前，应当确定其数据来源的可靠性，尽可能大的统计数据的样本数量，为了实现预警和满足预测需要，应选择较长的时间序列。

（4）准确性原则。为了能够反映旱情发展过程中的变化趋势，还有出现的各种问题，应当灵敏、准确、及时地选择预警指标。

（5）可操作性原则。选择预警指标时，应充分利用现有规范标准和统计指标，全面反映干旱系统中的各种内涵，尽量考虑指标和数据的量化难易程度。

（6）数据可获取性。预警数据是预警有效性的基础，没有及时有效数据，预警精准度将大幅度降低，甚至失去预警意义。

2. 贵州省干旱预警指标体系构建

根据以上原则并结合贵州省实际情况，构建贵州省干旱预警指标体系如下：

（1）气象干旱指标。未来旬降水量距平百分率计算比较简单，天气预报可以预测出未来10d的降水量，由此可算出未来旬降水量距平百分率，相对于其他气象干旱指标而言，时间尺度可以精确到旬，能和预警周期保持一致。所以气象干旱指标选择未来旬降水量距平百分率 P_a。

（2）农业干旱指标。土壤相对湿度为预测指标，干旱预测部分能够预测出下一旬每天的土壤相对湿度，取其平均值得出下一旬预测的土壤相对湿度，这样也可以和干旱预测章节保持一致。区域农业旱情指数在各州（市）防汛抗旱指挥部办公室填写的《农业旱情动态统计表》中可以计算出，所以农业干旱指标选择土壤相对湿度 R 和区域农业旱情指数 I_a。

（3）水文干旱指标。水利工程蓄水距平百分率可以在《农业旱情动态统计表》中查得，资料容易获取，所以水文干旱指标选择水利工程蓄水距平百分率 I_k。

（4）社会经济干旱指标。各乡镇人口数量有统计资料，可以在《贵州旱情评估表》中求得，因地理位置不同，各乡镇的饮水条件也不尽相同。所以社会经济干旱指标选择各乡镇基本饮用水人口数量。

（5）干旱累积指标。干旱是一个持续的累积过程，干旱积累指标也是预警修正指标，它反映上一旬发生干旱情况对预警旬的影响，能够反映干旱的累积效应和动态实时效应。上一旬干旱状况必定对预警旬干旱发展有影响。在干旱预警中未来旬降水量距平百分率的降水是通过预测得出的，而预警修正指标中的降水是实际发生的，其计算结果是以实际的降水量距平百分率评估出来的。例如预警中旬发生轻旱，当预警下旬时，中旬实际的降水量已得知，中旬实际干旱情况可通过实际降水量距平百分率求出，此即为预警修正指标。将它作为预警下旬干旱的一个预警指标，这样就实现了预警结果的动态修正，所以，预警修正指标为上一旬实际旱情 d。

贵州省干旱预警指标体系如图 4-3 所示。

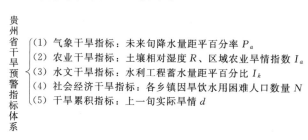

图 4-3　贵州省干旱预警指标体系图

图 4-3 的预警指标体系中，未来旬降水量距平百分率是未来的指标，反映未来水分的短缺状况和旱情，而其余几项指标是现状的指标，反映的是干旱的累积效应。

4.1.8　旱情警度划分和警限确定

4.1.8.1　旱情警度划分标准

用预警指标对区域的干旱程度进行预警时，为了取得比较一致的标准，根据国家相关规定并结合专家意见和抗旱实践经验，按照灾情严重性和紧急程度，将干旱程度从正常（无旱）到特大干旱划分为 5 个等级：Ⅴ级（正常）、Ⅳ级（轻度干旱）、Ⅲ级（中度干旱）、Ⅱ级（重度干旱）和Ⅰ级（特大干旱），与之相对应的警度为：无警、轻警、中警、重警和特警，其中正常为无警，轻旱为轻警，中旱为中警，重旱为重警，特大干旱为特警，见表 4-1。值得注意的是干旱程度是一个渐变的过程，因此，警度的划分是一个比较模糊的概念。

表 4-1   干旱警度划分表

干旱等级	干旱类型	旱情表现	警度	信号显示
V	正常	区域供水情况良好，能满足正常的工农业生产和生活用水，不存在警情	无警	绿灯
IV	轻度干旱	县级及以上城市轻度干旱，供水量低于正常日用水量 5%～10%，部分地因少雨、缺墒、缺水影响农作物生长，水田不能按需求供水，禾苗出现萎蔫，警情处于孕育和发展阶段	轻警	蓝灯
III	中度干旱	县级及以上城市中度干旱，供水量低于正常日用水量 10%～20%，生产生活受到较大影响，农作物严重缺水，水田脱水，出现禾苗枯死，工业生产受到限制	中警	黄灯
II	重度干旱	县级及以上城市重度干旱，供水量低于正常日用水量 20%～30%，较大面积较长时间无雨，居民生活出现危险，农作物发育生长严重受阻，稻田龟裂、禾苗枯萎死苗，工业生产受到极大限制，高耗水企业停产，警情爆发	重警	橙灯
I	特大干旱	县级及以上城市极度干旱，供水量低于正常日用水量 30%，居民生活受到严重影响，耕地长期大面积缺水，对农作物生长构成极度威胁，旱灾损失已不可避免。水田出现大面积稻田龟裂、禾苗枯死现象，工业生产基本停止，警情完全爆发	特警	红灯

4.1.8.2 警限确定

为准确预报旱情警度，必须科学合理确定旱情预警警限。我国各地气候差异较大，各地的旱情和敏感程度也不相同，为了准确预报警情，必须根据各研究区域所处自然环境、气候类型、土壤性质和作物品种等，按旬、月或作物的生长阶段合理划分预警指标的警限。表 4-2～表 4-7 分别为降水量距平百分率、以旬为尺度的降水量距平百分率、土壤相对湿度、区域农业旱情指数、水利工程蓄水量距平百分率和各乡镇人口数量的干旱等级划分表。

依据中华人民共和国国家标准《气象干旱等级》（GB/T 20481—2017）的降水量距平百分率等级划分见表 4-2。

表 4-2   降水量距平百分率 P_a 干旱等级划分表

干旱等级	干旱类型	$P_a/\%$		
		月尺度	季尺度	年尺度
V	正常	$-40<P_a$	$-25<P_a$	$-15<P_a$
IV	轻度干旱	$-60<P_a\leqslant-40$	$-50<P_a\leqslant-25$	$-30<P_a\leqslant-15$
III	中度干旱	$-80<P_a\leqslant-60$	$-70<P_a\leqslant-50$	$-40<P_a\leqslant-30$

续表

干旱等级	干旱类型	$P_a/\%$		
		月尺度	季尺度	年尺度
II	重度干旱	$-95<P_a\leqslant-80$	$-80<P_a\leqslant-70$	$-45<P_a\leqslant-40$
I	特大干旱	$P_a\leqslant-95$	$P_a\leqslant-80$	$P_a\leqslant-45$

未来旬降水量距平百分率 P_a 的求得可根据天气预报的方法，预测出未来 10d 的降水量，然后根据计算时段同期平均降水量，求得 P_a。表 4-2 中 P_a 的时间尺度为月尺度、季尺度和年尺度，然而干旱预警是以旬为尺度的，贵州省以旬为尺度的降水距量平百分率借鉴《贵州省干旱标准》（DB52/T 501—2006）按照月尺度的来进行划分，见表 4-3。

土壤相对湿度 R 的等级划分参照《贵州省干旱标准》（DB52/T 501—2006），本书为 10～20cm 深度的土壤相对湿度，见表 4-4。

表 4-3　　　　　　　以旬为尺度的降水量距平百分率 P_a 干旱等级划分表

干旱等级	干旱类型	$P_a/\%$
V	正常	$-40<P_a$
IV	轻度干旱	$-60<P_a\leqslant-40$
III	中度干旱	$-80<P_a\leqslant-60$
II	重度干旱	$-95<P_a\leqslant-80$
I	特大干旱	$P_a\leqslant-95$

表 4-4　　　　　　　　土壤相对湿度 R 干旱等级划分表

干旱等级	干旱类型	R（10～20cm 深度）
V	正常	$R>60$
IV	轻度干旱	$50<R\leqslant60$
III	中度干旱	$40<R\leqslant50$
II	重度干旱	$30<R\leqslant40$
I	特大干旱	$R\leqslant30$

区域农业旱情指数 I_a 的等级划分参照《旱情等级标准》（SL 424—2008）。在计算时，式（4-10）中 A_i 为目前农作物受不同旱的旱情面积占总面积的百分比，即为轻旱面积、中旱面积、重旱面积和特旱面积与总耕地面积之比，见表 4-5。

水利工程蓄水量距平百分率 I_k 的等级划分参照《旱情等级标准》（SL 424—2008），见表 4-6。

表 4-5 区域农业旱情指数 I_a 干旱等级划分表

行政区级别	不同旱情等级的区域农业旱情指数 I_a			
	轻度干旱	中度干旱	严重干旱	特大干旱
全国	$0.05 \leqslant I_a < 0.1$	$0.1 \leqslant I_a < 0.2$	$0.2 \leqslant I_a < 0.3$	$0.3 \leqslant I_a \leqslant 4$
省（自治区、直辖市）	$0.1 \leqslant I_a < 0.5$	$0.5 \leqslant I_a < 0.9$	$0.9 \leqslant I_a < 1.5$	$1.5 \leqslant I_a < 4$
市（地、州、盟）	$0.1 \leqslant I_a < 0.6$	$0.6 \leqslant I_a < 1.2$	$1.2 \leqslant I_a < 2.1$	$2.1 \leqslant I_a < 4$
县	$0.1 \leqslant I_a < 0.7$	$0.7 \leqslant I_a < 1.2$	$1.2 \leqslant I_a < 2.2$	$2.2 \leqslant I_a < 4$

表 4-6 水利工程蓄水量距平百分率 I_k 干旱等级划分表

干旱等级	干旱类型	I_k 值
V	正常	$I_k > -10$
IV	轻度干旱	$-30 < I_k \leqslant -10$
III	中度干旱	$-50 < I_k \leqslant -30$
II	重度干旱	$-80 < I_k \leqslant -50$
I	特大干旱	$I_k \leqslant -80$

由各乡镇饮用水人口的统计资料，将其分为 5 个数量等级来作为干旱预警指标，且能覆盖各乡镇最低和最高人口数量。

表 4-7 各乡镇饮用水人口干旱等级划分表

干旱等级	干旱类型	人口/万人
V	正常	$\leqslant 0.27$
IV	轻度干旱	$(0.27, 0.39)$
III	中度干旱	$[0.39, 0.51)$
II	重度干旱	$[0.51, 0.63)$
I	特大干旱	$\geqslant 0.63$

4.1.9 预警信号灯表示含义

本书采用信号灯法，对预警结果进行表示，即不同状况的干旱程度采用绿、蓝、黄、橙、红 5 种颜色灯来表示，具体含义如下：

(1)"绿灯"，无警状态。其表示区域供水状况良好，能满足正常的工农业生产和生活用水，不存在警情，没有干旱现象发生。此时应注意水资源的合理配置使用，加强污水的处理和防治，防止由于配置和使用不当导致的供水不足及人为干旱。

(2)"蓝灯"，轻警状态。其表示区域供水开始略低于正常日用水量，旱像初显且已经向轻旱发展，警情处于孕育和发展阶段。此时应及时掌握旱情变化情况，了解社会各方面的用水需求，充分挖掘河网优势，以防止其向"黄灯"转变。

（3）"黄灯"，中警状态。其表示区域干旱状况略严重，生产生活受到较为严重影响，属于中度干旱状态，警情处于发展和爆发阶段。此时应该密切注视旱情发展变化情况，通过各种排警措施努力使其向"蓝灯"转变。

（4）"橙灯"，重警状态。其表示区域内干旱状况已经严重。此时应加强旱情监测，加强抗旱水源的管理和调度，充分挖掘河网可利用蓄水，错峰用水，优先保证生活用水。

（5）"红灯"，特警状态。其表示区域内干旱状况极其严重，已经威胁到区域内人民群众的生命安全，属于特大干旱状态，警情完全爆发。此时内部挖掘潜力已经很小，必须采取各种紧急措施，通过引调外来水、人工降雨等来控制灾情发展，尽量减少灾害损失。

4.1.10 排警措施

针对不同的警度，需要采取不同的排警措施。

（1）无警。无警状态下，不会发生干旱，水资源能够满足日常需水要求，不会发生短缺现象，但应注意水资源的有效管理和合理利用，同时加强水资源的污染防治工作，以免出现水质型缺水。

（2）轻警。轻警状态下，生产和生活用水能基本得到保证，属于偏旱，不能达到水资源的供需平衡，水资源量不能满足灌溉需求，农业局部地区减产。当警情为轻警时，应采取以下措施使其向无警状态转化：

1）充分利用河网蓄水。雨洪时期，充分利用雨洪，适量拦蓄，回灌补充地下水，加大客水资源的力度。

2）提倡全民节水。对农业用水应当实行限量供水，对于工业用水实行定额管理，同时推动实行浮动水价制度，改善全民用水习惯。

3）限量供水。在保证居民正常用水条件下，控制高耗水企业和服务业，实行农业节水灌溉，优先满足高效益作物用水，适量减少灌溉用水。

（3）中警。中警状态下，水资源供需矛盾比较尖锐，需要密切关注旱情变化，定期分析旱情，迅速采取措施防止旱情恶化，避免向重警转化。

1）充分挖掘水资源潜力，利用雨洪回灌补充地下水，加大水资源力度。

2）实行浮动水价制度，提倡全民节水。生活用水实行累进浮动水价，工业生产用水实行定额管理，农业用水限量供水。

3）限量供水，保障居民正常用水情况下，农业优先发展低耗水模式，可以采用微灌或喷灌方式以节约用水效率，优先保证保护地和高产地块的节约用水灌溉。

（4）重警。重警状态下，区域重度缺水，生活、工业和环境用水供水困难。农田普遍出现干层，春播作物大部分不能出苗或出苗后旱死，夏粮较大幅度减产甚至绝收，夏播大面积缺苗，部分地区发生人畜饮水困难。这时水问题已成为社会主要问题，严重影响社会的发展，此时必须随时掌握旱灾灾情及发展趋势，向社会通报旱情灾情及抗旱工作情况，启动各项应急抗旱措施。

1）压缩城乡居民生活用水和一般企事业单位的正常供水，在重度干旱情况下，对生活用水进行定时定量供应，强制更换一切非节水生活设施和公共设施。

2）压缩非生命线工程用水水量，暂停和压缩大部分工矿企业的生产，关闭绝大部分高耗水服务业，压减工业用水。

（5）特警。特警状态下，降水量严重不足，农田大都出现干层，地下水水位下降明显，河流水位位于枯水位以下，有时甚至是干涸。此时应尽量采取措施减少干旱缺水带来的经济和社会损失。

1）充分挖掘水资源潜力。充分利用空中雨水资源，尽一切可能实施人工降雨。启用流域抗旱调度运用方案，使用防洪枢纽分洪设备拦蓄洪水，与此同时，充分利用农田工程尽量拦蓄和回灌。

2）实行临时浮动制水价。对生产用水实行双倍累进浮动水价，农业生产用水进行低额限量供水。

3）限量供水。满足正常生产生活用水情况下，农业以种植耐旱作物为主，保证灌溉用水，翻耕收获无望的农田，蓄积夏季雨水准备秋种。

4.1.11 误警和漏警问题

1. 误警

误警包括两种情况：①发出了某一风险出现的警报，而该风险最终没有出现；②发出了某一风险出现的警报，该风险最终出现了，但其风险程度与预报的程度相差一个等级或者风险出现的时间与警报所提出的时间相去较远。一般而言的误警指第一种误警。误警除了会造成"狼来了"效应外，还会增加干旱预警管理的成本，这种预警成本包括警报发出后采取预防行动所花费的成本以及其他相关成本（如社会恐慌等）。

误警的原因主要有：

（1）指标设置不当，如把一些对干旱影响并不严重的因素设置成预警因素。

（2）警报准则过严，即在警报准则设计中，安全区设计过窄，危险区设计过宽。

（3）信息、数据有误。

2. 漏警

漏警是预警系统实际有警但未曾发出警报且未采取相应的排警措施。

漏警有以下主要原因：

（1）小概率事件。在干旱风险因素中，一些属于小概率事件的因素被排除在考虑之外（这种排除是必要的，否则会加大预警的工作量），而这些小概率事件也有发生的可能。

（2）一些原不属于预警的因素随着时间的变化而成为致错与风险因素，导致原先设计的预警系统便不能检测到这种因素发生的征兆，因而也就不能及时准确地对这些因素的发生发出警报。

（3）预警准则设计过松，即安全区设计过宽，危险区设计过窄，也会出现漏警。

少量的误警和漏警属于正常现象，而且两者还存在此消彼长的关系。如果放松警报准则，则虽可减少误警，但会增加漏警的可能性，反之亦然。

4.2　集对分析理论及改进

4.2.1　集对分析的基本原理

客观世界普遍存在着不确定性，是不确定性和确定性的矛盾统一体。确定性和不确定性互相对立统一，是一对矛盾，它们互相联系、互相影响、互相制约，在一定条件下相互转化，共存于一个统一体中。因此，如何运用对立统一的观点，从整体和全局上研究不确定性和确定性，是有待探讨的重要问题。传统的不确定分析理论有：基于数理统计和随机过程的随机分析方法；未确知数学、子波分析、灰色系统理论、分形与混沌分析方法；系统论信息论与控制论方法（特别是信息嫡分析方法）；3S（RS，GIS 和 GPS）方法；人工神经网络理论、模糊集理论、遗传算法等智能科学方法。赵克勤（1989）提出的集对分析（SPA）是用一种联系度 $a+bi+cj$ 统一处理模糊、随机、中介、信息缺少和不知道所致不确定性的系统理论和方法。集对分析方法不仅具有直观、简便、计算量小、易于理解等优点，而且具有"客观承认、系统描述、定量刻画、具体分析"的特点。与其他不确定分析理论把不确定性转化为确定性加以研究的方法不同，集对分析对研究和解决不确定问题的手段是通过一定的分析和数学处理，把其中的确定性与不确定性先分离，分成两个集合，再把这两个集合联系起来作研究。在干旱预警中引进集对分析理论，为解决不确定性问题提供了一种新思路和新途径。

集对分析是处理系统确定性与不确定性相互作用的数学理论，其主要的数学工具是联系数，该方法已经得到广泛应用。所谓集对，是指具有一定联系的两个集合所组成的对子。从系统科学角度看，系统内的任两个组成部分，系统与环境，系统与人等，都可以在一定条件下看成是集对的例子。

集对分析的基本思路是：在一定的问题背景下对所论两个集合所具有的特性作同异反分析并加以度量刻画，得出这两个集合在所论问题背景下的同异反联系度表达式，并推广到系统由 $m>2$ 个集合组成时的情况，在此基础上深入展开有关系统的联系、预测、控制、仿真、演化、突变等问题的研究。

例如，根据问题 W 的需要对集对 H 的特性展开分析，共得到 N 个特性，其中有 S 个为集对 H 中的两个集合所共有，这两个集合在其中的 P 个特性上相对立，在其余的 $F=N-S-P$ 个特性上既不对立，又不同一，则称比值 $\dfrac{S}{N}$ 为这两个集合在问题 W 下的同一度，简称同一度；F/N 为这两个集合在问题 W 下的差异度，简称差异度；$\dfrac{P}{N}$ 为这两个集合在问题 W 下的对立度，简称对立度，公式为

$$\mu(w)=\frac{S}{N}+\frac{F}{N}i+\frac{P}{N}j \tag{4-13}$$

式中　i——差异度标记；

　　　j——对立度标记，运算时，i 和 j 同时作为系数参加运算。规定 j 恒取值 -1，而 i 在 $[-1,1]$ 区间视不同情况取值；

　　　μ——两个集合的联系度，严格地说是问题背景和分析过程的一个函数，通常情况下它是有关两个集合或一个系统在指定问题背景和某个分析过程下所得到的同一度、差异度、对立度的代数和式，但在运算时可以是一个数值。

当一个系统由 $m>2$ 个集合组成时，可以根据问题的要求，把 m 个集合作成 n 个集对，分别建立起每个集对的同异反联系度表达式，借助一定的数学建模和运算，推导出整个系统的同异反联系式，由此去深入研究系统的有关问题。

4.2.2　集对分析的特点

（1）全面性。集对分析在具体的问题背景下，既分析两个集合（或系统）的同一

性，又分析两个集合（或系统）的对立性和差异性。正因为如此，集对分析又常被称为同（同一）异（差异）反（对立）分析法。前提是对一个集对（或系统）所具有的特性之分析必须是充分展开的，分析内容必须全面。

（2）定性与定量相结合。这主要是指集对分析不仅要对具体分析得到的特性作这两个集合是否共同具有，还是互相对立或者差异的分析、判断、分类，还要对同异反程度作定量刻划，再还要根据同异反程度作出由若干个集对所表征的那个系统质的判断。其间要进行一定的数学运算推导和分析。

（3）综合集成分析方法。根据集对的定义可知，集对的具体内容可以各式各样，加上不同的问题背景，其具体的分析方法也就可以是物理的、化学的、数学的以及系统的、经验的等。集对分析所进行的同异反分析和刻划是建立在这些具体分析方法之上的一种再分析，所以从方法论角度看，集对分析是一种综合集成的分析方法。

（4）确定性分析和不确定性分析相结合。在集对分析中，两个集合的同一性分析和同一度刻划是相对确定的，对立性分析和对立度刻划也是相对确定的，但是两个集合的差异性分析和差异度刻划是相对不确定的，尚可进一步做到底是同一还是对立的分析。之所以这样处理：①差异是客观事物互相联系转化的一个普遍形态，是客观存在的中介与过渡；②差异又是人们对实际情况的观察、分析受客观条件限制，不可能彻底进行的一种反映。集对分析把确定性分析结果和不确定性分析结果统一在一个同异反联系度表达式中，便于人们对实际系统作辩证、定量和完整的分析研究。

（5）应用广泛。集对分析既可直接用于对系统作宏观分析，也可用于对系统作微观分析；既适宜于对简单系统分析，也适宜于对复杂系统分析等。

集对分析的上述特点决定了这一系统分析方法在自然科学和社会科学的各个方面都有重要的应用价值。

4.2.3　定义有关概念

本书在常规集对分析思路的基础上，利用可展性对同一度进行扩展。同异反联系度结构的特征之一是具有可展性，μ 在同一层次上是可以展开的，其一般展开形式为

$$\mu = (a_1 + a_2 + \cdots + a_m) + (b_1 + b_2 + \cdots + b_n)i + (c_1 + c_2 + \cdots + c_l)j \quad (4-14)$$

其中，$\sum_{t=1}^{m} a_t + \sum_{t=1}^{n} b_t + \sum_{t=1}^{l} c_t = 1$，$a_t \geqslant 0$，$b_t \geqslant 0$，$c_t \geqslant 0$，$i \in [-1, 1]$，$j \equiv -1$。

$$\mu = (a_1 + a_2 + \cdots + a_m) + (b_1 i_1 + b_2 i_2 + \cdots + b_n i_n) + (c_1 j_1 + c_2 j_2 + \cdots + c_l j_l)$$

$$(4-15)$$

其中，$\sum\limits_{t=1}^{m} a_t + \sum\limits_{t=1}^{n} b_t + \sum\limits_{t=1}^{l} c_t = 1$，$a_t \geqslant 0$，$b_t \geqslant 0$，$c_t \geqslant 0$，$i_k \in [-1, 1]$，$j_s \equiv -1$。

定义 1：统称 $a_t (t=1,2,\cdots,m)$、$b_t (t=1,2,\cdots,n)$、$c_t (t=1,2,\cdots,l)$ 为集对元，可统一用 e 来表示。

定义 2：称 e 为多元联系向量，$e = (a_1, \cdots, a_m, b_1, \cdots, b_n, c_1, \cdots, c_l) = (e_1, \cdots, e_p)$，$p$ 为评价等级数。

定义 3：称 ε 为多元系数向量，$\varepsilon = (z_1, \cdots, z_h, i_1, \cdots, i_g, j_1, \cdots, j_k)^{\mathrm{T}}$，$z_t \geqslant 0$，$i_k \in [-1,1]$，$j_s \equiv -1$，$h + g + k = p$。

4.2.4 多元系数向量确定准则

在综合评级标准中，优劣性从左向右单调递变，根据评价等级与细化要求确定多元非零元系数，使得 ε 与 e 元素相对应，多元系数向量确定准则如下：

（1）在多元向量中，定义最大元素为主要同一度，简称主同，记作 a_m；主同左侧 a_{m-1} 到 a_1 的元素为超级同一度，简称超同，记作 a_{si}（$1 < i < m-1$）；a_{si} 对 a_m 有支持、同化等积极影响作用，把这种作用定义为同化度，记作 S；a_{si} 离 a_m 越远，其优越性越高，支持、同化影响 a_m 的作用越强。主同右侧根据评价需要设置差异度个数，记作 b_y，一般只设一个差异度就可以满足需求；差异度右侧的元素统称为对立度，记作 c_z。

（2）在多元系数向量中，定义与主同元素对应元素为主同系数，记作 z_h，$z_h = 1$；定义与超同对应元素为超同系数，记作 z_k，$z_k = 1$；定义主同系数右侧相邻 n 个系数为差异系数，记作 i_y；定义差异度右侧所有系数为对立系数，记作 j_m，$j_m \equiv -1$。

单一指标集对分析联系度 μ 与联系向量 e 的关系为

$$\mu = e\varepsilon$$

$$(4-16)$$

式中 ε——多元系数向量。

4.2.5 集对元模糊计算

评价指标可分为效益型、成本型、三角固定型和梯形固定型，最常用的是效益型和成本型。所谓效益型，指的是实测值越大，评价等级越高，即越大越优型；所谓成本型，指的是实测值越小，评价等级越高，即越小越优型。当某评价指标值 x 落在第

i 级与第 $i+1$ 级之间时，s_i、s_{i+1} 分别为评价标准上下阈值，效益型和成本型指标对应的集对元 e_i 计算公式为

（1）效益型。

$$e_i = \begin{cases} 0 & x = s_i \\ \dfrac{x-s_i}{s_{i+1}-s_i} & s_i < x < s_{i+1} \\ 1 & x = s_{i+1} \end{cases} \tag{4-17}$$

（2）成本型。

$$e_i = \begin{cases} 1 & x = s_i \\ \dfrac{s_{i+1}-x}{s_{i+1}-s_i} & s_i < x < s_{i+1} \\ 0 & x = s_{i+1} \end{cases} \tag{4-18}$$

e_{i+1} 的计算公式为

$$e_{i+1} = 1 - e_i \tag{4-19}$$

此评价指标联系向量为 $e_k = (e_{1k}, \cdots, e_{pk}) = (0, \cdots, e_i, e_{i+1}, \cdots, 0)$。计算 n 个指标后，构建评价联系矩阵 R 为

$$R = \begin{bmatrix} e_{11}, \cdots, e_{p1} \\ \vdots \\ e_{1t}, \cdots, e_{pt} \\ \vdots \\ e_{1n}, \cdots, e_{pn} \end{bmatrix} \tag{4-20}$$

4.2.6　综合评价多元联系数

设 $\overline{\omega} = (\omega_1, \cdots, \omega_n)$ 为权重向量，则综合评价多元联系向量 e 为

$$e = \overline{\omega}R = (\sum_{t=1}^{n} e_{1t}, \cdots, \sum_{t=1}^{n} e_{pt}) \tag{4-21}$$

式（4-16）与式（4-21）联立得到综合评价多元联系数 μ 为

$$\mu = e\varepsilon = \sum_{t=1}^{m-1} e_t z_k + a_m z_h + \sum_{t=m+1}^{m+1+g} e_t i_t + \sum_{t=m+g+2}^{p} e_t j_t \tag{4-22}$$

其中，$z_k \equiv z_h \equiv 1$，$-1 \leqslant i_t \leqslant 1$，$j_t \equiv -1$。

$$\mu = e\varepsilon = \sum_{t=1}^{m-1} e_t z_k + a_m z_h + e_{m+1} i + \sum_{t=m+2}^{p} e_t j \qquad (4-23)$$

其中，$z_k \equiv z_h \equiv 1$，$-1 \leqslant i \leqslant 1$，$j \equiv -1$。

4.2.7 综合评价判别条件

基于式（4-22）、式（4-23），在多元综合评价中，当最大隶属度处于各种状态的中间，且两侧状态的隶属度值呈对称分布情形时，a_m 所在级别就是评价对象的级别，即 m 级。最大隶属度处于其他状态与分布情形时，为了评价结果更真实合理，探讨多元联系数的集对分析在评价系统归属级别时的适用条件。

设在 $[0,1]$ 闭区间，连续系统两个极点之间，取 p（$p \geqslant 3$）个级别点（含两端极点级别点）应用集对分析系统优劣性进行评价后，得到系统对各个级别点归属程度，分别为 e_1，e_2，$\cdots$，a_m，$\cdots$，e_p。

多元联系数的集对分析在评价系统归属级别时需满足

$$a_m \geqslant 0.5 \qquad (4-24)$$

当式（4-24）成立时，a_m 所在级别就是评价对象的级别，即 m 级；当不满足上式条件时，以黄金分割率 0.618 作为多元评级定级判断点，依据同化度定义计算同化度，即

$$N = a_m + \left(\frac{1}{m}\right) e_{m-1} + \cdots + \left(\frac{i}{m}\right) e_{m-i} (2 < i < m-1) \qquad (4-25)$$

当 $N < 0.5$ 时，评价对象级别是 $m+1$ 级；当 $0.5 \leqslant N < 0.618$ 时，a_m 所在级别就是评价对象的级别，即 m 级；当 $0.618 \leqslant N < 1$ 时，评价对象级别是 $m-1$ 级；当 $N \geqslant 1$ 时，评价对象级别是 $m-2$ 级。

4.3 构建贵州省典型县干旱预警模型

4.3.1 贵州地区干旱预警等级标准

X_1、X_2、X_3、X_4、X_5 分别表示未来旬降水量距平百分率、土壤相对湿度、区域农业旱情指数、水利工程蓄水距平百分率和各乡镇饮水人口。其中 X_5 为修文县、兴仁县以及湄潭县各乡镇人口，因各乡镇地理位置不同，有的距离县城较近，

饮水设施等较为完善；有的乡镇地处深山，各种水利设施较少，故未采用饮水困难人口占当地人口的比例作为标准，而是将各乡镇人口划分5个等级，来做为预警等级标准。

表4-8   贵州省干旱预警指标标准分级

指标	V级无旱	IV级轻度干旱	III级中度干旱	II级重度干旱	I级特大干旱
X_1	$>-40\%$	$(-60\%, -40\%]$	$(-80\%, -60\%]$	$(-95\%, -80\%]$	$\leqslant-95\%$
X_2	$>60\%$	$(50\%, 60\%]$	$(40\%, 50\%]$	$(30\%, 40\%]$	$(0, 30\%]$
X_3	$[0, 0.1)$	$[0.1, 0.7)$	$[0.7, 1.2)$	$[1.2, 2.2)$	$[2.2, 4]$
X_4	$>-10\%$	$(-30\%, -10\%]$	$(-50\%, -30\%]$	$(-80\%, -50\%]$	$\leqslant-80\%$
X_5	$\leqslant2.7$	$(2.7, 3.9)$	$[3.9, 5.1)$	$[5.1, 6.3)$	$\geqslant6.3$

4.3.2 典型县各指标统计资料

应用本研究方法对贵州省部分地区旱情进行分析评价，并根据评价结果发出预警信号，对各干旱级别采用信号灯法发布预警信息。基于资料翔实等原因，特选取贵州省修文县的10个乡镇、兴仁县的17个乡镇以及湄潭县的15个乡镇2013年8月各项指标监测数据，分别在7月31日、8月10日、8月20日对各个乡镇8月上旬、中旬、下旬发出干旱预警。表中的X_1为依据天气预报预测的未来10天降水量算出的未来旬降水量距平百分率，而X_6为依据实际降水量算出的降水量距平百分率，根据它可求出实际发生干旱情况即预警修正指标。

表4-9   修文县8月各指标值

8月	X_1	X_2	X_3	X_4	X_5	X_6
上旬	-60.59%	19.21%	1.96	-12%		-77.03%
中旬	-40.25%	15.69%	1.96	-20%	见表4-10	-36.94%
下旬	200.65%	27.69%	1.96	-25%		258.67%

表4-10   修文县各乡镇人口   单位：万人

乡镇	龙场	扎佐	久长	六厂	六屯	洒坪	六桶	谷堡	小箐	大石
人口	0.724	0.440	0.318	0.281	0.170	0.160	0.286	0.245	0.237	0.340

表4-11   兴仁县各乡镇人口   单位：万人

乡镇	东湖	城北	城南	真武山	屯脚	巴玲	回龙	潘家庄	下山	新龙场	百德	李关	民建	鲁础营	大山	田湾	新马场
人口	0.540	0.345	0.193	0.221	0.354	0.640	0.298	0.260	0.533	0.252	0.321	0.152	0.143	0.173	0.345	0.246	0.242

表 4 - 12 湄潭县各乡镇人口 单位：万人

乡镇	永兴	复兴	石莲	高台	西河	茅坪	新南	天城	抄乐	兴隆	洗马	马山	湄江	黄家坝	鱼泉
人口	0.580	0.370	0.320	0.288	0.268	0.110	0.254	0.179	0.197	0.365	0.256	0.274	0.800	0.461	0.184

4.3.3 层次分析法确定指标权重

根据层次分析法确定指标权重，其中判断矩阵为

$$R = \begin{bmatrix} 1 & 3 & 2 & 3 & 3 & 1 \\ 1/3 & 1 & 1/2 & 3 & 2 & 1/3 \\ 1/2 & 2 & 1 & 3 & 2 & 1/2 \\ 1/3 & 1/3 & 1/3 & 1 & 2 & 1/3 \\ 1/3 & 1/2 & 1/2 & 1/2 & 1 & 1/3 \\ 1 & 3 & 2 & 3 & 3 & 1 \end{bmatrix}$$

得到权重向量 $\overline{\omega} = [0.2742, 0.1245, 0.1705, 0.0842, 0.0724, 0.2742]$，求出此时对应的 $\lambda_{max} = 6.2641$。最后再对判断矩阵进行一致性检验，经计算，一致性指标 $CI = 0.0528$，平均随机一致性指标 $RI = 1.26$，得出一致性比率 $CR = 0.0419 < 0.1$，符合要求，所以接受此判断矩阵。

4.3.4 预警结果与分析

4.3.4.1 综合评价多元联系向量

利用式（4-17）~式（4-22）计算，结合 5 项预警指标，得到综合评价多元联系向量 $e_{预警上旬} = [0.008, 0.309, 0.348, 0.199, 0.136]$。同理，当 8 月 10 日预警 8 月中旬警度时，8 月上旬实际发生降水量已得知，可求得 8 月上旬实际发生干旱情况，将其作为预警 8 月中旬的干旱预警修正指标，以此类推，实现了预警结果的修正。具体计算过程如下：

1. 修文县

（1）龙场镇。

$$e_{预警上旬} = [0.008, 0.309, 0.348, 0.199, 0.136]$$

$$e_{实际上旬} = [0.283, 0.309, 0.082, 0.190, 0.136]$$

$$e_{预警中旬} = [0.320, 0.313, 0.041, 0.204, 0.122]$$

$$e_{实际中旬} = [0.591, 0.042, 0.041, 0.205, 0.121]$$

$$e_{预警下旬} = [0.612, 0.021, 0.041, 0.155, 0.172]$$

$$e_{实际下旬} = [0.612, 0.021, 0.041, 0.155, 0.172]$$

（2）扎佐镇。

$$e_{预警上旬} = [0.080, 0.360, 0.378, 0.174, 0.080]$$

$$e_{实际上旬} = [0.283, 0.351, 0.112, 0.174, 0.080]$$

$$e_{预警中旬} = [0.320, 0.355, 0.071, 0.189, 0.065]$$

$$e_{实际中旬} = [0.591, 0.084, 0.071, 0.189, 0.065]$$

$$e_{预警下旬} = [0.612, 0.062, 0.071, 0.140, 0.115]$$

$$e_{实际下旬} = [0.612, 0.062, 0.071, 0.140, 0.115]$$

（3）久长镇。

$$e_{预警上旬} = [0.052, 0.346, 0.348, 0.174, 0.080]$$

$$e_{实际上旬} = [0.326, 0.338, 0.082, 0.174, 0.080]$$

$$e_{预警中旬} = [0.363, 0.342, 0.041, 0.189, 0.065]$$

$$e_{实际中旬} = [0.634, 0.071, 0.041, 0.189, 0.065]$$

$$e_{预警下旬} = [0.654, 0.050, 0.041, 0.140, 0.115]$$

$$e_{实际下旬} = [0.654, 0.050, 0.041, 0.140, 0.115]$$

（4）六厂镇。

$$e_{预警上旬} = [0.074, 0.324, 0.348, 0.174, 0.080]$$

$$e_{实际上旬} = [0.348, 0.316, 0.082, 0.174, 0.080]$$

$$e_{预警中旬} = [0.386, 0.319, 0.041, 0.189, 0.065]$$

$$e_{实际中旬} = [0.657, 0.048, 0.041, 0.189, 0.065]$$

$$e_{预警下旬} = [0.677, 0.027, 0.041, 0.140, 0.115]$$

$$e_{实际下旬} = [0.677, 0.027, 0.041, 0.140, 0.115]$$

（5）六屯镇。

$$e_{预警上旬} = [0.080, 0.317, 0.348, 0.174, 0.080]$$

$$e_{实际上旬} = [0.355, 0.309, 0.082, 0.174, 0.080]$$

$$e_{预警中旬} = [0.392, 0.317, 0.348, 0.174, 0.080]$$

$$e_{实际中旬} = [0.663, 0.042, 0.041, 0.189, 0.065]$$

$$e_{预警下旬} = [0.684, 0.317, 0.348, 0.174, 0.080]$$

$$e_{实际下旬} = [0.684, 0.317, 0.348, 0.174, 0.080]$$

（6）洒坪镇。

$$e_{预警上旬} = [0.080, 0.317, 0.348, 0.174, 0.080]$$

$$e_{实际上旬} = [0.355, 0.309, 0.082, 0.174, 0.080]$$

$$e_{预警中旬} = [0.392, 0.317, 0.348, 0.174, 0.080]$$

$$e_{实际中旬} = [0.663, 0.042, 0.041, 0.189, 0.065]$$

$$e_{预警下旬} = [0.684, 0.317, 0.348, 0.174, 0.080]$$

$$e_{实际下旬} = [0.684, 0.317, 0.348, 0.174, 0.080]$$

（7）六桶镇。

$$e_{预警上旬} = [0.071, 0.327, 0.348, 0.174, 0.080]$$

$$e_{实际上旬} = [0.346, 0.318, 0.082, 0.174, 0.080]$$

$$e_{预警中旬} = [0.383, 0.323, 0.041, 0.189, 0.065]$$

$$e_{实际中旬} = [0.653, 0.052, 0.041, 0.189, 0.065]$$

$$e_{预警下旬} = [0.673, 0.031, 0.041, 0.140, 0.115]$$

$$e_{实际下旬} = [0.684, 0.317, 0.348, 0.174, 0.080]$$

（8）谷堡乡。

$$e_{预警上旬} = [0.080, 0.317, 0.348, 0.174, 0.080]$$

$$e_{实际上旬} = [0.355, 0.309, 0.082, 0.174, 0.080]$$

$$e_{预警中旬} = [0.392, 0.317, 0.348, 0.174, 0.080]$$

$$e_{实际中旬} = [0.663, 0.042, 0.041, 0.189, 0.065]$$

$$e_{预警下旬} = [0.684, 0.317, 0.348, 0.174, 0.080]$$

$$e_{实际下旬} = [0.684, 0.317, 0.348, 0.174, 0.080]$$

（9）小箐乡。

$$e_{预警上旬} = [0.080, 0.317, 0.348, 0.174, 0.080]$$

$$e_{实际上旬} = [0.355, 0.309, 0.082, 0.174, 0.080]$$

$$e_{预警中旬} = [0.392, 0.317, 0.348, 0.174, 0.080]$$

$$e_{实际中旬} = [0.663, 0.042, 0.041, 0.189, 0.065]$$

$$e_{预警下旬} = [0.684, 0.317, 0.348, 0.174, 0.080]$$

$$e_{实际下旬} = [0.684, 0.317, 0.348, 0.174, 0.080]$$

（10）大石乡。

$$e_{预警上旬} = [0.038, 0.359, 0.348, 0.174, 0.080]$$

$$e_{实际上旬} = [0.313, 0.351, 0.082, 0.174, 0.080]$$

$$e_{预警中旬} = [0.350, 0.355, 0.041, 0.189, 0.065]$$

$$e_{实际中旬} = [0.621, 0.084, 0.041, 0.189, 0.065]$$

$$e_{预警下旬} = [0.641, 0.063, 0.041, 0.140, 0.115]$$

$$e_{实际下旬} = [0.641, 0.063, 0.041, 0.140, 0.115]$$

2. 兴仁县

（1）东湖街道。

$$e_{预警上旬} = [0.896, 0.031, 0.054, 0.018, 0.000]$$

$$e_{实际上旬} = [0.785, 0.143, 0.054, 0.018, 0.000]$$

$$e_{预警中旬} = [0.322, 0.338, 0.321, 0.018, 0.000]$$

$$e_{实际中旬} = [0.596, 0.331, 0.054, 0.018, 0.000]$$

$$e_{预警下旬} = [0.817, 0.111, 0.054, 0.018, 0.000]$$

$$e_{实际下旬} = [0.817, 0.111, 0.054, 0.018, 0.000]$$

（2）城北街道。

$$e_{预警上旬} = [0.923, 0.077, 0.000, 0.000, 0.000]$$

$$e_{实际上旬} = [0.812, 0.188, 0.000, 0.000, 0.000]$$

$$e_{预警中旬} = [0.349, 0.384, 0.267, 0.000, 0.000]$$

$$e_{实际中旬} = [0.623, 0.377, 0.000, 0.000, 0.000]$$

$$e_{预警下旬} = [0.844, 0.156, 0.000, 0.000, 0.000]$$

$$e_{实际下旬} = [0.844, 0.156, 0.000, 0.000, 0.000]$$

（3）城南街道。

$$e_{预警上旬} = [0.968, 0.031, 0.000, 0.000, 0.000]$$

$$e_{实际上旬} = [0.857, 0.143, 0.000, 0.000, 0.000]$$

$$e_{预警中旬} = [0.394, 0.338, 0.267, 0.000, 0.000]$$

$$e_{实际中旬} = [0.669, 0.331, 0.000, 0.000, 0.000]$$

$$e_{预警下旬} = [0.889, 0.111, 0.000, 0.000, 0.000]$$

$$e_{实际下旬} = [0.889, 0.111, 0.000, 0.000, 0.000]$$

（4）真武山街道。

$$e_{预警上旬} = [0.968, 0.031, 0.000, 0.000, 0.000]$$

$$e_{实际上旬} = [0.857, 0.143, 0.000, 0.000, 0.000]$$

$$e_{预警中旬} = [0.394, 0.338, 0.267, 0.000, 0.000]$$

$$e_{\text{实际中旬}} = \begin{bmatrix} 0.669, 0.331, 0.000, 0.000, 0.000 \end{bmatrix}$$

$$e_{\text{预警下旬}} = \begin{bmatrix} 0.889, 0.111, 0.000, 0.000, 0.000 \end{bmatrix}$$

$$e_{\text{实际下旬}} = \begin{bmatrix} 0.889, 0.111, 0.000, 0.000, 0.000 \end{bmatrix}$$

（5）屯脚镇。

$$e_{\text{预警上旬}} = \begin{bmatrix} 0.918, 0.082, 0.000, 0.000, 0.000 \end{bmatrix}$$

$$e_{\text{实际上旬}} = \begin{bmatrix} 0.807, 0.193, 0.000, 0.000, 0.000 \end{bmatrix}$$

$$e_{\text{预警中旬}} = \begin{bmatrix} 0.344, 0.389, 0.267, 0.000, 0.000 \end{bmatrix}$$

$$e_{\text{实际中旬}} = \begin{bmatrix} 0.618, 0.382, 0.000, 0.000, 0.000 \end{bmatrix}$$

$$e_{\text{预警下旬}} = \begin{bmatrix} 0.839, 0.162, 0.000, 0.000, 0.000 \end{bmatrix}$$

$$e_{\text{实际下旬}} = \begin{bmatrix} 0.839, 0.162, 0.000, 0.000, 0.000 \end{bmatrix}$$

（6）巴玲镇。

$$e_{\text{预警上旬}} = \begin{bmatrix} 0.896, 0.031, 0.000, 0.066, 0.066 \end{bmatrix}$$

$$e_{\text{实际上旬}} = \begin{bmatrix} 0.785, 0.143, 0.000, 0.066, 0.006 \end{bmatrix}$$

$$e_{\text{预警中旬}} = \begin{bmatrix} 0.322, 0.338, 0.267, 0.066, 0.006 \end{bmatrix}$$

$$e_{\text{实际中旬}} = \begin{bmatrix} 0.596, 0.331, 0.000, 0.066, 0.006 \end{bmatrix}$$

$$e_{\text{预警下旬}} = \begin{bmatrix} 0.816, 0.111, 0.000, 0.066, 0.006 \end{bmatrix}$$

$$e_{\text{实际下旬}} = \begin{bmatrix} 0.816, 0.111, 0.000, 0.066, 0.006 \end{bmatrix}$$

（7）回龙镇。

$$e_{\text{预警上旬}} = \begin{bmatrix} 0.952, 0.048, 0.000, 0.000, 0.000 \end{bmatrix}$$

$$e_{\text{实际上旬}} = \begin{bmatrix} 0.840, 0.160, 0.000, 0.000, 0.000 \end{bmatrix}$$

$$e_{\text{预警中旬}} = \begin{bmatrix} 0.378, 0.355, 0.267, 0.000, 0.000 \end{bmatrix}$$

$$e_{\text{实际中旬}} = \begin{bmatrix} 0.652, 0.348, 0.000, 0.000, 0.000 \end{bmatrix}$$

$$e_{\text{预警下旬}} = \begin{bmatrix} 0.872, 0.128, 0.000, 0.000, 0.000 \end{bmatrix}$$

$$e_{\text{实际下旬}} = \begin{bmatrix} 0.872, 0.128, 0.000, 0.000, 0.000 \end{bmatrix}$$

（8）潘家庄镇。

$$e_{\text{预警上旬}} = \begin{bmatrix} 0.968, 0.031, 0.000, 0.000, 0.000 \end{bmatrix}$$

$$e_{\text{实际上旬}} = \begin{bmatrix} 0.857, 0.143, 0.000, 0.000, 0.000 \end{bmatrix}$$

$$e_{\text{预警中旬}} = \begin{bmatrix} 0.394, 0.338, 0.267, 0.000, 0.000 \end{bmatrix}$$

$$e_{\text{实际中旬}} = \begin{bmatrix} 0.669, 0.331, 0.000, 0.000, 0.000 \end{bmatrix}$$

$$e_{\text{预警下旬}} = \begin{bmatrix} 0.889, 0.111, 0.000, 0.000, 0.000 \end{bmatrix}$$

$$e_{\text{实际下旬}} = \begin{bmatrix} 0.889, 0.111, 0.000, 0.000, 0.000 \end{bmatrix}$$

（9）下山镇。

$$e_{预警上旬} = [0.896, 0.031, 0.059, 0.014, 0.000]$$

$$e_{实际上旬} = [0.785, 0.143, 0.059, 0.014, 0.000]$$

$$e_{预警中旬} = [0.322, 0.338, 0.326, 0.000, 0.000]$$

$$e_{实际中旬} = [0.596, 0.331, 0.059, 0.014, 0.000]$$

$$e_{预警下旬} = [0.816, 0.111, 0.059, 0.014, 0.000]$$

$$e_{实际下旬} = [0.816, 0.111, 0.059, 0.014, 0.000]$$

（10）新龙场镇。

$$e_{预警上旬} = [0.968, 0.031, 0.000, 0.000, 0.000]$$

$$e_{实际上旬} = [0.857, 0.143, 0.000, 0.000, 0.000]$$

$$e_{预警中旬} = [0.394, 0.338, 0.267, 0.000, 0.000]$$

$$e_{实际中旬} = [0.669, 0.331, 0.000, 0.000, 0.000]$$

$$e_{预警下旬} = [0.889, 0.111, 0.000, 0.000, 0.000]$$

$$e_{实际下旬} = [0.889, 0.111, 0.000, 0.000, 0.000]$$

（11）百德镇。

$$e_{预警上旬} = [0.938, 0.062, 0.000, 0.000, 0.000]$$

$$e_{实际上旬} = [0.827, 0.173, 0.000, 0.000, 0.000]$$

$$e_{预警中旬} = [0.364, 0.369, 0.267, 0.000, 0.000]$$

$$e_{实际中旬} = [0.638, 0.362, 0.000, 0.000, 0.000]$$

$$e_{预警下旬} = [0.858, 0.142, 0.000, 0.000, 0.000]$$

$$e_{实际下旬} = [0.858, 0.142, 0.000, 0.000, 0.000]$$

（12）李关乡。

$$e_{预警上旬} = [0.968, 0.031, 0.000, 0.000, 0.000]$$

$$e_{实际上旬} = [0.857, 0.143, 0.000, 0.000, 0.000]$$

$$e_{预警中旬} = [0.394, 0.338, 0.267, 0.000, 0.000]$$

$$e_{实际中旬} = [0.669, 0.331, 0.000, 0.000, 0.000]$$

$$e_{预警下旬} = [0.889, 0.111, 0.000, 0.000, 0.000]$$

$$e_{实际下旬} = [0.889, 0.111, 0.000, 0.000, 0.000]$$

（13）民建乡。

$$e_{预警上旬} = [0.968, 0.031, 0.000, 0.000, 0.000]$$

$$e_{实际上旬} = [0.857, 0.143, 0.000, 0.000, 0.000]$$

$$e_{预警中旬} = [0.394, 0.338, 0.267, 0.000, 0.000]$$

$$e_{实际中旬} = [0.669, 0.331, 0.000, 0.000, 0.000]$$

$$e_{预警下旬} = \begin{bmatrix} 0.889, 0.111, 0.000, 0.000, 0.000 \end{bmatrix}$$

$$e_{实际下旬} = \begin{bmatrix} 0.889, 0.111, 0.000, 0.000, 0.000 \end{bmatrix}$$

（14）鲁础营乡。

$$e_{预警上旬} = \begin{bmatrix} 0.968, 0.031, 0.000, 0.000, 0.000 \end{bmatrix}$$

$$e_{实际上旬} = \begin{bmatrix} 0.857, 0.143, 0.000, 0.000, 0.000 \end{bmatrix}$$

$$e_{预警中旬} = \begin{bmatrix} 0.394, 0.338, 0.267, 0.000, 0.000 \end{bmatrix}$$

$$e_{实际中旬} = \begin{bmatrix} 0.669, 0.331, 0.000, 0.000, 0.000 \end{bmatrix}$$

$$e_{预警下旬} = \begin{bmatrix} 0.889, 0.111, 0.000, 0.000, 0.000 \end{bmatrix}$$

$$e_{实际下旬} = \begin{bmatrix} 0.889, 0.111, 0.000, 0.000, 0.000 \end{bmatrix}$$

（15）大山乡。

$$e_{预警上旬} = \begin{bmatrix} 0.923, 0.077, 0.000, 0.000, 0.000 \end{bmatrix}$$

$$e_{实际上旬} = \begin{bmatrix} 0.812, 0.188, 0.000, 0.000, 0.000 \end{bmatrix}$$

$$e_{预警中旬} = \begin{bmatrix} 0.349, 0.383, 0.267, 0.000, 0.000 \end{bmatrix}$$

$$e_{实际中旬} = \begin{bmatrix} 0.623, 0.376, 0.000, 0.000, 0.000 \end{bmatrix}$$

$$e_{预警下旬} = \begin{bmatrix} 0.843, 0.156, 0.000, 0.000, 0.000 \end{bmatrix}$$

$$e_{实际下旬} = \begin{bmatrix} 0.843, 0.156, 0.000, 0.000, 0.000 \end{bmatrix}$$

（16）田湾乡。

$$e_{预警上旬} = \begin{bmatrix} 0.968, 0.031, 0.000, 0.000, 0.000 \end{bmatrix}$$

$$e_{实际上旬} = \begin{bmatrix} 0.857, 0.143, 0.000, 0.000, 0.000 \end{bmatrix}$$

$$e_{预警中旬} = \begin{bmatrix} 0.394, 0.338, 0.267, 0.000, 0.000 \end{bmatrix}$$

$$e_{实际中旬} = \begin{bmatrix} 0.669, 0.331, 0.000, 0.000, 0.000 \end{bmatrix}$$

$$e_{预警下旬} = \begin{bmatrix} 0.889, 0.111, 0.000, 0.000, 0.000 \end{bmatrix}$$

$$e_{实际下旬} = \begin{bmatrix} 0.889, 0.111, 0.000, 0.000, 0.000 \end{bmatrix}$$

（17）新马场乡。

$$e_{预警上旬} = \begin{bmatrix} 0.968, 0.031, 0.000, 0.000, 0.000 \end{bmatrix}$$

$$e_{实际上旬} = \begin{bmatrix} 0.857, 0.143, 0.000, 0.000, 0.000 \end{bmatrix}$$

$$e_{预警中旬} = \begin{bmatrix} 0.394, 0.338, 0.267, 0.000, 0.000 \end{bmatrix}$$

$$e_{实际中旬} = \begin{bmatrix} 0.669, 0.331, 0.000, 0.000, 0.000 \end{bmatrix}$$

$$e_{预警下旬} = \begin{bmatrix} 0.889, 0.111, 0.000, 0.000, 0.000 \end{bmatrix}$$

$$e_{实际下旬} = \begin{bmatrix} 0.889, 0.111, 0.000, 0.000, 0.000 \end{bmatrix}$$

3. 湄潭县

（1）永兴镇。

$$e_{预警上旬} = [0.088, 0.124, 0.241, 0.212, 0.334]$$

$$e_{实际上旬} = [0.359, 0.128, 0.072, 0.106, 0.334]$$

$$e_{预警中旬} = [0.359, 0.168, 0.306, 0.110, 0.056]$$

$$e_{实际中旬} = [0.485, 0.285, 0.064, 0.110, 0.056]$$

$$e_{预警下旬} = [0.426, 0.343, 0.064, 0.110, 0.056]$$

$$e_{实际下旬} = [0.426, 0.343, 0.064, 0.110, 0.056]$$

（2）复兴镇。

$$e_{预警上旬} = [0.100, 0.184, 0.211, 0.170, 0.334]$$

$$e_{实际上旬} = [0.371, 0.188, 0.042, 0.064, 0.334]$$

$$e_{预警中旬} = [0.371, 0.228, 0.276, 0.068, 0.056]$$

$$e_{实际中旬} = [0.497, 0.345, 0.034, 0.068, 0.056]$$

$$e_{预警下旬} = [0.438, 0.403, 0.034, 0.068, 0.056]$$

$$e_{实际下旬} = [0.438, 0.403, 0.034, 0.068, 0.056]$$

（3）石莲镇。

$$e_{预警上旬} = [0.130, 0.154, 0.211, 0.170, 0.334]$$

$$e_{实际上旬} = [0.401, 0.158, 0.042, 0.064, 0.334]$$

$$e_{预警中旬} = [0.401, 0.198, 0.276, 0.068, 0.056]$$

$$e_{实际中旬} = [0.527, 0.315, 0.034, 0.068, 0.056]$$

$$e_{预警下旬} = [0.468, 0.373, 0.034, 0.068, 0.056]$$

$$e_{实际下旬} = [0.468, 0.373, 0.034, 0.068, 0.056]$$

（4）高台镇。

$$e_{预警上旬} = [0.150, 0.135, 0.211, 0.170, 0.334]$$

$$e_{实际上旬} = [0.421, 0.139, 0.042, 0.064, 0.334]$$

$$e_{预警中旬} = [0.421, 0.179, 0.276, 0.068, 0.056]$$

$$e_{实际中旬} = [0.547, 0.296, 0.034, 0.068, 0.056]$$

$$e_{预警下旬} = [0.488, 0.354, 0.034, 0.068, 0.056]$$

$$e_{实际下旬} = [0.488, 0.354, 0.034, 0.068, 0.056]$$

（5）西河镇。

$$e_{预警上旬} = [0.160, 0.124, 0.211, 0.170, 0.334]$$

$$e_{实际上旬} = [0.431, 0.128, 0.042, 0.064, 0.334]$$

$$e_{预警中旬} = [0.431, 0.168, 0.276, 0.068, 0.056]$$

$$e_{实际中旬} = [0.557, 0.285, 0.034, 0.068, 0.056]$$

$$e_{\text{预警下旬}} = [0.498, 0.343, 0.034, 0.068, 0.056]$$

$$e_{\text{实际下旬}} = [0.498, 0.343, 0.034, 0.068, 0.056]$$

（6）茅坪镇。

$$e_{\text{预警上旬}} = [0.160, 0.124, 0.211, 0.170, 0.334]$$

$$e_{\text{实际上旬}} = [0.431, 0.128, 0.042, 0.064, 0.334]$$

$$e_{\text{预警中旬}} = [0.431, 0.168, 0.276, 0.068, 0.056]$$

$$e_{\text{实际中旬}} = [0.557, 0.285, 0.034, 0.068, 0.056]$$

$$e_{\text{预警下旬}} = [0.498, 0.343, 0.034, 0.068, 0.056]$$

$$e_{\text{实际下旬}} = [0.498, 0.343, 0.034, 0.068, 0.056]$$

（7）新南镇。

$$e_{\text{预警上旬}} = [0.160, 0.124, 0.211, 0.170, 0.334]$$

$$e_{\text{实际上旬}} = [0.431, 0.128, 0.042, 0.064, 0.334]$$

$$e_{\text{预警中旬}} = [0.431, 0.168, 0.276, 0.068, 0.056]$$

$$e_{\text{实际中旬}} = [0.557, 0.285, 0.034, 0.068, 0.056]$$

$$e_{\text{预警下旬}} = [0.498, 0.343, 0.034, 0.068, 0.056]$$

$$e_{\text{实际下旬}} = [0.498, 0.343, 0.034, 0.068, 0.056]$$

（8）天城镇。

$$e_{\text{预警上旬}} = [0.160, 0.124, 0.211, 0.170, 0.334]$$

$$e_{\text{实际上旬}} = [0.431, 0.128, 0.042, 0.064, 0.334]$$

$$e_{\text{预警中旬}} = [0.431, 0.168, 0.276, 0.068, 0.056]$$

$$e_{\text{实际中旬}} = [0.557, 0.285, 0.034, 0.068, 0.056]$$

$$e_{\text{预警下旬}} = [0.498, 0.343, 0.034, 0.068, 0.056]$$

$$e_{\text{实际下旬}} = [0.498, 0.343, 0.034, 0.068, 0.056]$$

（9）抄乐镇。

$$e_{\text{预警上旬}} = [0.160, 0.124, 0.211, 0.170, 0.334]$$

$$e_{\text{实际上旬}} = [0.431, 0.128, 0.042, 0.064, 0.334]$$

$$e_{\text{预警中旬}} = [0.431, 0.168, 0.276, 0.068, 0.056]$$

$$e_{\text{实际中旬}} = [0.557, 0.285, 0.034, 0.068, 0.056]$$

$$e_{\text{预警下旬}} = [0.498, 0.343, 0.034, 0.068, 0.056]$$

$$e_{\text{实际下旬}} = [0.498, 0.343, 0.034, 0.068, 0.056]$$

（10）兴隆镇。

$$e_{预警上旬}=[0.103,0.181,0.211,0.170,0.334]$$

$$e_{实际上旬}=[0.374,0.185,0.042,0.064,0.334]$$

$$e_{预警中旬}=[0.500,0.342,0.034,0.068,0.056]$$

$$e_{实际中旬}=[0.374,0.225,0.276,0.068,0.056]$$

$$e_{预警下旬}=[0.441,0.400,0.034,0.068,0.056]$$

$$e_{实际下旬}=[0.441,0.400,0.034,0.068,0.056]$$

（11）洗马镇。

$$e_{预警上旬}=[0.160,0.124,0.211,0.170,0.334]$$

$$e_{实际上旬}=[0.431,0.128,0.042,0.064,0.334]$$

$$e_{预警中旬}=[0.431,0.168,0.276,0.068,0.056]$$

$$e_{实际中旬}=[0.557,0.285,0.034,0.068,0.056]$$

$$e_{预警下旬}=[0.498,0.343,0.034,0.068,0.056]$$

$$e_{实际下旬}=[0.498,0.343,0.034,0.068,0.056]$$

（12）马山镇。

$$e_{预警上旬}=[0.158,0.127,0.211,0.170,0.334]$$

$$e_{实际上旬}=[0.366,0.131,0.042,0.064,0.334]$$

$$e_{预警中旬}=[0.429,0.171,0.276,0.068,0.056]$$

$$e_{实际中旬}=[0.492,0.288,0.034,0.068,0.056]$$

$$e_{预警下旬}=[0.496,0.346,0.034,0.068,0.056]$$

$$e_{实际下旬}=[0.496,0.346,0.034,0.068,0.056]$$

（13）湄江街道。

$$e_{预警上旬}=[0.160,0.124,0.211,0.170,0.334]$$

$$e_{实际上旬}=[0.431,0.128,0.042,0.064,0.334]$$

$$e_{预警中旬}=[0.431,0.168,0.276,0.068,0.056]$$

$$e_{实际中旬}=[0.557,0.285,0.034,0.068,0.056]$$

$$e_{预警下旬}=[0.498,0.343,0.034,0.068,0.056]$$

$$e_{实际下旬}=[0.498,0.343,0.034,0.068,0.056]$$

（14）黄家坝街道。

$$e_{预警上旬}=[0.088,0.154,0.254,0.170,0.334]$$

$$e_{实际上旬}=[0.389,0.171,0.042,0.064,0.34]$$

$$e_{预警中旬}=[0.359,0.198,0.319,0.068,0.056]$$

$$e_{实际中旬}=[0.515,0.328,0.034,0.064,0.056]$$

$$e_{预警下旬}=[0.426,0.373,0.077,0.068,0.056]$$
$$e_{实际下旬}=[0.426,0.373,0.077,0.068,0.056]$$

（15）鱼泉街道。

$$e_{预警上旬}=[0.160,0.124,0.211,0.170,0.334]$$
$$e_{实际上旬}=[0.431,0.128,0.042,0.064,0.334]$$
$$e_{预警中旬}=[0.431,0.168,0.276,0.068,0.056]$$
$$e_{实际中旬}=[0.557,0.285,0.034,0.068,0.056]$$
$$e_{预警下旬}=[0.498,0.343,0.034,0.068,0.056]$$
$$e_{实际下旬}=[0.498,0.343,0.034,0.068,0.056]$$

4.3.4.2 综合评价多元联系度

本例中一元差异度就可以满足要求，根据多元系数向量确定规则，采用式（4-16）和式（4-22），分别得到修文县、兴仁县和湄潭县各乡镇8月上旬、中旬、下旬综合评价多元联系度 μ。

1. 修文县

（1）龙场镇。

$$\mu_{预警上旬}=0.008z_2+0.309z_1+0.348+0.199i+0.136j_1$$
$$\mu_{预警中旬}=0.320+0.313i+0.041j_1+0.204j_2+0.122j_3$$
$$\mu_{预警下旬}=0.612+0.021i+0.041j_1+0.155j_2+0.172j_3$$

（2）扎佐镇。

$$\mu_{预警上旬}=0.008z_2+0.360+z_1+0.378+0.174i+0.080j_1$$
$$\mu_{预警中旬}=0.320z_1+0.355+0.071i+0.189j_1+0.065j_2$$
$$\mu_{预警下旬}=0.612+0.062i+0.071j_1+0.142j_2+0.115j_3$$

（3）久长镇。

$$\mu_{预警上旬}=0.052z_2+0.346z_1+0.348+0.174i+0.080j_1$$
$$\mu_{预警中旬}=0.363+0.342i+0.041j_1+0.189j_2+0.065j_3$$
$$\mu_{预警下旬}=0.654+0.050i+0.041j_1+0.140j_2+0.115j_3$$

（4）六厂镇。

$$\mu_{预警上旬}=0.074z_2+0.324z_1+0.348+0.174i+0.080j_1$$
$$\mu_{预警中旬}=0.386+0.319i+0.041j_1+0.189j_2+0.065j_3$$
$$\mu_{预警下旬}=0.677+0.027i+0.041j_1+0.140j_2+0.115j_3$$

（5）六屯镇。

$$\mu_{预警上旬}=0.080z_2+0.174z_1+0.348+0.174i+0.080j_1$$
$$\mu_{预警中旬}=0.392+0.317i+0.348j_1+0.174j_2+0.080j_3$$
$$\mu_{预警下旬}=0.684+0.317i+0.348j_1+0.174j_2+0.080j_3$$

（6）洒坪镇。

$$\mu_{预警上旬}=0.080z_2+0.174z_1+0.348+0.174i+0.080j_1$$
$$\mu_{预警中旬}=0.392+0.317i+0.348j_1+0.174j_2+0.080j_3$$
$$\mu_{预警下旬}=0.684+0.317i+0.348j_1+0.174j_2+0.080j_3$$

（7）六桶镇。

$$\mu_{预警上旬}=0.071z_2+0.327z_1+0.348+0.174i+0.080j_1$$
$$\mu_{预警中旬}=0.383+0.323i+0.042j_1+0.189j_2+0.065j_3$$
$$\mu_{预警下旬}=0.673+0.031i+0.041j_1+0.140j_2+0.115j_3$$

（8）谷堡乡。

$$\mu_{预警上旬}=0.080z_2+0.174z_1+0.348+0.174i+0.080j_1$$
$$\mu_{预警中旬}=0.392+0.317i+0.348j_1+0.174j_2+0.080j_3$$
$$\mu_{预警下旬}=0.684+0.317i+0.348j_1+0.174j_2+0.080j_3$$

（9）小箐乡。

$$\mu_{预警上旬}=0.080z_2+0.174z_1+0.348+0.174i+0.080j_1$$
$$\mu_{预警中旬}=0.392+0.317i+0.348j_1+0.174j_2+0.080j_3$$
$$\mu_{预警下旬}=0.684+0.317i+0.348j_1+0.174j_2+0.080j_3$$

（10）大石乡。

$$\mu_{预警上旬}=0.038z_1+0.359+0.348i+0.174j_1+0.080j_2$$
$$\mu_{预警中旬}=0.350z_1+0.356+0.041i+0.189j_1+0.065j_2$$
$$\mu_{预警下旬}=0.641+0.063i+0.041j_1+0.140j_2+0.115j_3$$

2. 兴仁县

（1）东湖街道。

$$\mu_{预警上旬}=0.896+0.031i+0.054j_1+0.018j_2+0.000j_3$$
$$\mu_{预警中旬}=0.322z_1+0.338+0.321i+0.018j_1+0.000j_2$$
$$\mu_{预警下旬}=0.817+0.111i+0.054j_1+0.018j_2+0.000j_3$$

（2）城北街道。

$$\mu_{预警上旬}=0.923+0.077i+0.000j_1+0.000j_2+0.000j_3$$

$$\mu_{预警中旬} = 0.349z_1 + 0.384 + 0.267i + 0.000j_1 + 0.000j_2$$

$$\mu_{预警下旬} = 0.844 + 0.156i + 0.000j_1 + 0.000j_2 + 0.000j_3$$

（3）城南街道。

$$\mu_{预警上旬} = 0.968 + 0.031i + 0.000j_1 + 0.000j_2 + 0.000j_3$$

$$\mu_{预警中旬} = 0.394 + 0.338i + 0.267j_1 + 0.000j_2 + 0.000j_3$$

$$\mu_{预警下旬} = 0.889 + 0.111i + 0.000j_1 + 0.000j_2 + 0.000j_3$$

（4）真武山街道。

$$\mu_{预警上旬} = 0.968 + 0.031i + 0.000j_1 + 0.000j_2 + 0.000j_3$$

$$\mu_{预警中旬} = 0.394 + 0.338i + 0.267j_1 + 0.000j_2 + 0.000j_3$$

$$\mu_{预警下旬} = 0.889 + 0.111i + 0.000j_1 + 0.000j_2 + 0.000j_3$$

（5）屯脚镇。

$$\mu_{预警上旬} = 0.918 + 0.082i + 0.000j_1 + 0.000j_2 + 0.000j_3$$

$$\mu_{预警中旬} = 0.344z_1 + 0.389 + 0.267i + 0.000j_1 + 0.000j_2$$

$$\mu_{预警下旬} = 0.839 + 0.162i + 0.000j_1 + 0.000j_2 + 0.000j_3$$

（6）巴玲镇。

$$\mu_{预警上旬} = 0.896 + 0.031i + 0.000j_1 + 0.066j_2 + 0.006j_3$$

$$\mu_{预警中旬} = 0.322z_1 + 0.338 + 0.267i + 0.066j_1 + 0.006j_2$$

$$\mu_{预警下旬} = 0.816 + 0.111i + 0.000j_1 + 0.066j_2 + 0.006j_3$$

（7）回龙镇。

$$\mu_{预警上旬} = 0.952 + 0.048i + 0.000j_1 + 0.000j_2 + 0.000j_3$$

$$\mu_{预警中旬} = 0.378 + 0.355i + 0.267j_1 + 0.000j_2 + 0.000j_3$$

$$\mu_{预警下旬} = 0.872 + 0.128i + 0.000j_1 + 0.000j_2 + 0.000j_3$$

（8）潘家庄镇。

$$\mu_{预警上旬} = 0.968 + 0.031i + 0.000j_1 + 0.000j_2 + 0.000j_3$$

$$\mu_{预警中旬} = 0.394 + 0.338i + 0.267j_1 + 0.000j_2 + 0.000j_3$$

$$\mu_{预警下旬} = 0.889 + 0.111i + 0.000j_1 + 0.000j_2 + 0.000j_3$$

（9）下山镇。

$$\mu_{预警上旬} = 0.896 + 0.031i + 0.059j_1 + 0.014j_2 + 0.000j_3$$

$$\mu_{预警中旬} = 0.322 + 0.338i + 0.326j_1 + 0.000j_2 + 0.000j_3$$

$$\mu_{预警下旬} = 0.816 + 0.111i + 0.059j_1 + 0.014j_2 + 0.000j_3$$

（10）新龙场镇。

$$\mu_{预警上旬} = 0.968 + 0.031i + 0.000j_1 + 0.000j_2 + 0.000j_3$$

$$\mu_{\text{预警中旬}} = 0.394 + 0.338i + 0.267j_1 + 0.000j_2 + 0.000j_3$$

$$\mu_{\text{预警下旬}} = 0.889 + 0.111i + 0.000j_1 + 0.000j_2 + 0.000j_3$$

（11）百德镇。

$$\mu_{\text{预警上旬}} = 0.938 + 0.062i + 0.000j_1 + 0.000j_2 + 0.000j_3$$

$$\mu_{\text{预警中旬}} = 0.364 + 0.369i + 0.267j_1 + 0.000j_2 + 0.000j_3$$

$$\mu_{\text{预警下旬}} = 0.858 + 0.142i + 0.000j_1 + 0.000j_2 + 0.000j_3$$

（12）李关乡。

$$\mu_{\text{预警上旬}} = 0.968 + 0.031i + 0.000j_1 + 0.000j_2 + 0.000j_3$$

$$\mu_{\text{预警中旬}} = 0.394 + 0.338i + 0.267j_1 + 0.000j_2 + 0.000j_3$$

$$\mu_{\text{预警下旬}} = 0.889 + 0.111i + 0.000j_1 + 0.000j_2 + 0.000j_3$$

（13）民建乡。

$$\mu_{\text{预警上旬}} = 0.968 + 0.031i + 0.000j_1 + 0.000j_2 + 0.000j_3$$

$$\mu_{\text{预警中旬}} = 0.394 + 0.338i + 0.267j_1 + 0.000j_2 + 0.000j_3$$

$$\mu_{\text{预警下旬}} = 0.889 + 0.111i + 0.000j_1 + 0.000j_2 + 0.000j_3$$

（14）鲁础营乡。

$$\mu_{\text{预警上旬}} = 0.968 + 0.031i + 0.000j_1 + 0.000j_2 + 0.000j_3$$

$$\mu_{\text{预警中旬}} = 0.394 + 0.338i + 0.267j_1 + 0.000j_2 + 0.000j_3$$

$$\mu_{\text{预警下旬}} = 0.889 + 0.111i + 0.000j_1 + 0.000j_2 + 0.000j_3$$

（15）大山乡。

$$\mu_{\text{预警上旬}} = 0.923 + 0.077i + 0.000j_1 + 0.000j_2 + 0.000j_3$$

$$\mu_{\text{预警中旬}} = 0.349z_1 + 0.383 + 0.267i + 0.000j_1 + 0.000j_2$$

$$\mu_{\text{预警下旬}} = 0.843 + 0.156i + 0.000j_1 + 0.000j_2 + 0.000j_3$$

（16）田湾乡。

$$\mu_{\text{预警上旬}} = 0.968 + 0.031i + 0.000j_1 + 0.000j_2 + 0.000j_3$$

$$\mu_{\text{预警中旬}} = 0.394 + 0.338i + 0.267j_1 + 0.000j_2 + 0.000j_3$$

$$\mu_{\text{预警下旬}} = 0.889 + 0.111i + 0.000j_1 + 0.000j_2 + 0.000j_3$$

（17）新马场乡。

$$\mu_{\text{预警上旬}} = 0.968 + 0.031i + 0.000j_1 + 0.000j_2 + 0.000j_3$$

$$\mu_{\text{预警中旬}} = 0.394 + 0.338i + 0.267j_1 + 0.000j_2 + 0.000j_3$$

$$\mu_{\text{预警下旬}} = 0.889 + 0.111i + 0.000j_1 + 0.000j_2 + 0.000j_3$$

3. 湄潭县

（1）永兴镇。

$$\mu_{预警上旬} = 0.088z_2 + 0.124z_1 + 0.241 + 0.212i + 0.334j$$
$$\mu_{预警中旬} = 0.359 + 0.168i + 0.306j_1 + 0.110j_2 + 0.056j_3$$
$$\mu_{预警下旬} = 0.426 + 0.346i + 0.064j_1 + 0.110j_2 + 0.056j_3$$

（2）复兴镇。

$$\mu_{预警上旬} = 0.100z_2 + 0.184z_1 + 0.211 + 0.170i + 0.334j$$
$$\mu_{预警中旬} = 0.371 + 0.228i + 0.276j_1 + 0.068j_2 + 0.056j_3$$
$$\mu_{预警下旬} = 0.438 + 0.403i + 0.034j_1 + 0.068j_2 + 0.056j_3$$

（3）石莲镇。

$$\mu_{预警上旬} = 0.130z_2 + 0.154z_1 + 0.211 + 0.170i + 0.334j$$
$$\mu_{预警中旬} = 0.401 + 0.198i + 0.276j_1 + 0.068j_2 + 0.056j_3$$
$$\mu_{预警下旬} = 0.468 + 0.373i + 0.034j_1 + 0.068j_2 + 0.056j_3$$

（4）高台镇。

$$\mu_{预警上旬} = 0.150z_2 + 0.135z_1 + 0.211 + 0.170i + 0.334j$$
$$\mu_{预警中旬} = 0.421 + 0.179i + 0.276j_1 + 0.068j_2 + 0.056j_3$$
$$\mu_{预警下旬} = 0.488 + 0.354i + 0.034j_1 + 0.068j_2 + 0.056j_3$$

（5）西河镇。

$$\mu_{预警上旬} = 0.160z_2 + 0.124z_1 + 0.211 + 0.170i + 0.334j$$
$$\mu_{预警中旬} = 0.431 + 0.168i + 0.276j_1 + 0.068j_2 + 0.056j_3$$
$$\mu_{预警下旬} = 0.498 + 0.343i + 0.034j_1 + 0.068j_2 + 0.056j_3$$

（6）茅坪镇。

$$\mu_{预警上旬} = 0.160z_2 + 0.124z_1 + 0.211 + 0.170i + 0.334j$$
$$\mu_{预警中旬} = 0.431 + 0.168i + 0.276j_1 + 0.068j_2 + 0.056j_3$$
$$\mu_{预警下旬} = 0.498 + 0.343i + 0.034j_1 + 0.068j_2 + 0.056j_3$$

（7）新南镇。

$$\mu_{预警上旬} = 0.160z_2 + 0.124z_1 + 0.211 + 0.170i + 0.334j$$
$$\mu_{预警中旬} = 0.431 + 0.168i + 0.276j_1 + 0.068j_2 + 0.056j_3$$
$$\mu_{预警下旬} = 0.498 + 0.343i + 0.034j_1 + 0.068j_2 + 0.056j_3$$

（8）天城镇。

$$\mu_{预警上旬} = 0.160z_2 + 0.124z_1 + 0.211 + 0.170i + 0.334j$$
$$\mu_{预警中旬} = 0.431 + 0.168i + 0.276j_1 + 0.068j_2 + 0.056j_3$$
$$\mu_{预警下旬} = 0.498 + 0.343i + 0.034j_1 + 0.068j_2 + 0.056j_3$$

（9）抄乐镇。

$$\mu_{预警上旬}=0.160z_2+0.124z_1+0.211+0.170i+0.334j$$
$$\mu_{预警中旬}=0.431+0.168i+0.276j_1+0.068j_2+0.056j_3$$
$$\mu_{预警下旬}=0.498+0.343i+0.034j_1+0.068j_2+0.056j_3$$

（10）兴隆镇。

$$\mu_{预警上旬}=0.103z_2+0.181z_1+0.211+0.170i+0.334j$$
$$\mu_{预警中旬}=0.374+0.2225i+0.276j_1+0.068j_2+0.056j_3$$
$$\mu_{预警下旬}=0.441+0.300i+0.034j_1+0.068j_2+0.056j_3$$

（11）洗马镇。

$$\mu_{预警上旬}=0.160z_2+0.124z_1+0.211+0.170i+0.334j$$
$$\mu_{预警中旬}=0.431+0.168i+0.276j_1+0.068j_2+0.056j_3$$
$$\mu_{预警下旬}=0.498+0.343i+0.034j_1+0.068j_2+0.056j_3$$

（12）马山镇。

$$\mu_{预警上旬}=0.158z_2+0.127z_1+0.211+0.170i+0.334j$$
$$\mu_{预警中旬}=0.429+0.171i+0.276j_1+0.068j_2+0.056j_3$$
$$\mu_{预警下旬}=0.496+0.346i+0.034j_1+0.068j_2+0.056j_3$$

（13）湄江街道。

$$\mu_{预警上旬}=0.160z_2+0.124z_1+0.211+0.170i+0.334j$$
$$\mu_{预警中旬}=0.431+0.168i+0.276j_1+0.068j_2+0.056j_3$$
$$\mu_{预警下旬}=0.498+0.343i+0.034j_1+0.068j_2+0.056j_3$$

（14）黄家坝街道。

$$\mu_{预警上旬}=0.088z_2+0.154z_1+0.254+0.170i+0.334j$$
$$\mu_{预警中旬}=0.359+0.198i+0.319j_1+0.068j_2+0.056j_3$$
$$\mu_{预警下旬}=0.426+0.373i+0.077j_1+0.068j_2+0.056j_3$$

（15）鱼泉街道。

$$\mu_{预警上旬}=0.160z_2+0.124z_1+0.211+0.170i+0.334j$$
$$\mu_{预警中旬}=0.431+0.168i+0.276j_1+0.068j_2+0.056j_3$$
$$\mu_{预警下旬}=0.498+0.343i+0.034j_1+0.068j_2+0.056j_3$$

4.3.4.3　预警结果分析

1. 基于常规集对分析的预警结果

（1）修文县。龙场镇 8 月上旬为轻警，中旬为无警，下旬为无警；扎佐镇 8 月上旬为中警，中旬为无警，下旬为无警；久长镇 8 月上旬为轻警，中旬为无警，下旬为无警；六厂镇 8 月上旬为中警，中旬为无警，下旬为无警；六屯镇 8 月上旬为中警，中旬为无警，下旬为轻警；洒坪镇 8 月上旬为中警，中旬为无警，下旬为轻警；六桶镇 8 月上旬为中警，中旬为无警，下旬为无警；谷堡乡 8 月上旬为中警，中旬为无警，下旬为轻警；小箐乡 8 月上旬为中警，中旬为无警，下旬为轻警；大石乡 8 月上旬为中警，中旬为无警，下旬为轻警。

（2）兴仁县。东湖街道 8 月上旬为无警，中旬为无警，下旬为无警；城北街道 8 月上旬为无警，中旬为轻警，下旬为无警；城南街道 8 月上旬为无警，中旬为无警，下旬为无警；真武山街道 8 月上旬为无警，无旬为无警，下旬为无警；屯脚镇 8 月上旬为无警，中旬为轻警，下旬为无警；巴玲镇 8 月上旬为无警，中旬为无警，下旬为无警；回龙镇 8 月上旬为无警，中旬为无警，下旬为无警；潘家庄镇 8 月上旬为无警，无旬为无警，下旬为无警；下山镇 8 月上旬为无警，无旬为无警，下旬为无警；新龙场镇 8 月上旬为无警，无旬为无警，下旬为无警；百德镇 8 月上旬为无警，中旬为轻警，下旬为无警；李关乡 8 月上旬为无警，无旬为无警，下旬为无警；民建乡 8 月上旬为无警，中旬为无警，下旬为无警；鲁础营乡 8 月上旬为无警，中旬为无警，下旬为无警；大山乡 8 月上旬为无警，中旬为轻警，下旬为无警；田湾乡 8 月上旬为无警，中旬为无警，下旬为无警；新马场乡 8 月上旬为无警，中旬为无警，下旬为无警。

（3）湄潭县。永兴镇 8 月上旬为轻警，中旬为无警，下旬为无警；复兴镇 8 月上旬为轻警，中旬为无警，下旬为无警；石莲镇 8 月上旬为轻警，中旬为无警，下旬为无警；高台镇 8 月上旬为轻警，中旬为无警，下旬为无警；西河镇 8 月上旬为中警，中旬为无警，下旬为无警；茅坪镇 8 月上旬为中警，中旬为无警，下旬为无警；新南镇 8 月上旬为中警，中旬为无警，下旬为无警；天城镇 8 月上旬为中警，中旬为无警，下旬为无警；抄乐镇 8 月上旬为中警，中旬为无警，下旬为无警；兴隆镇 8 月上旬为轻警，中旬为无警，下旬为无警；洗马镇 8 月上旬为中警，中旬为无警，下旬为无警；马山镇 8 月上旬为轻警，中旬为无警，下旬为无警；湄江街道 8 月上旬为中警，中旬为无警，下旬为轻警；黄家坝街道 8 月上旬为中警，中旬为无警，下旬为无警；鱼泉街道 8 月上旬为轻警，中旬为无警，下旬为无警。

2. 基于多元集对分析模型的预警结果

（1）修文县。龙场镇 8 月上旬为轻警，信号为蓝灯；中旬为无警，信号为绿灯；下旬为无警，信号为绿灯；扎佐镇 8 月上旬为中警，信号为黄灯；中旬为无警，信号为绿灯；下旬为无警，信号为绿灯。久长镇 8 月上旬为轻警，信号为蓝灯；中旬为无警，信号为绿灯；下旬为无警，信号为绿灯。六厂镇 8 月上旬为中警，信号为黄灯；中旬为无警，信号为绿灯；下旬为无警，信号为绿灯。六屯镇 8 月上旬为中警，信号为黄灯；中旬为无警，信号为绿灯；下旬为轻警，信号为蓝灯。洒坪镇8月上旬为中警，信号为黄灯；中旬为无警，信号为绿灯；下旬为轻警，信号为蓝灯。六桶镇8月上旬为中警，信号为黄灯；中旬为无警，信号为绿灯；下旬为无警，信号为绿灯。谷堡乡8月上旬为中警，信号为黄灯；中旬为无警，信号为绿灯；下旬为轻警，信号为蓝灯。小箐乡8月上旬为中警，信号为黄灯；中旬为无警，信号为绿灯；下旬为轻警，信号为蓝灯。大石乡8月上旬为无警，信号为绿灯；中旬为无警，信号为绿灯；下旬为无警，信号为绿灯。

（2）兴仁县。东湖街道8月上旬为无警，信号为绿灯；中旬为无警，信号为绿灯；下旬为无警，信号为绿灯；城北街道8月上旬为无警，信号为绿灯；中旬为轻警，信号为蓝灯；下旬为无警，信号为绿灯；城南街道8月上旬为无警，信号为绿灯；中旬为无警，信号为绿灯；下旬为无警，信号为绿灯；真武山街道8月上旬为无警，信号为绿灯；中旬为无警，信号为绿灯；下旬为无警，信号为绿灯；屯脚镇8月上旬为无警，信号为绿灯；中旬为轻警，信号为蓝灯；下旬为无警，信号为绿灯；巴玲镇8月上旬为无警，信号为绿灯；中旬为无警，信号为绿灯；下旬为无警，信号为绿灯；回龙镇8月上旬为无警，信号为绿灯；中旬为无警，信号为绿灯；下旬为无警，信号为绿灯；潘家庄镇8月上旬为无警，信号为绿灯；中旬为无警，信号为绿灯；下旬为无警，信号为绿灯；下山镇8月上旬为无警，信号为绿灯；中旬为无警，信号为绿灯；下旬为无警，信号为绿灯；新龙场镇8月上旬为无警，信号为绿灯；中旬为无警，信号为绿灯；下旬为无警，信号为绿灯；百德镇8月上旬为无警，信号为绿灯；中旬为轻警，信号为蓝灯；下旬为无警，信号为绿灯；李关乡8月上旬为无警，信号为绿灯；中旬为无警，信号为绿灯；下旬为无警，信号为绿灯；民建乡8月上旬为无警，信号为绿灯；中旬为无警，信号为绿灯；下旬为无警，信号为绿灯；鲁础营乡8月上旬为无警，信号为绿灯；中旬为无警，信号为绿灯；下旬为无警，信号为绿灯；大山乡8月上旬为无警，信号为绿灯；中旬为轻警，信号为蓝灯；下旬为无警，信号为绿灯；田湾乡8月上旬为无警，信号为绿灯；中旬为无警，信号为绿灯；下旬为无警，信号为绿灯；新马场乡8月上旬为无警，信号为绿灯；中旬为无警，信号为绿灯；下旬为无警，信号为绿灯。

（3）湄潭县。永兴镇8月上旬为轻警，信号为蓝灯；中旬为无警，信号为绿灯；下旬为无警，信号为绿灯；复兴镇8月上旬为轻警，信号为蓝灯；中旬为无警，信号为绿灯；下旬为无警，信号为绿灯；石莲镇8月上旬为轻警，信号为蓝灯；中旬为无警，信号为绿灯；下旬为无警，信号为绿灯；高台镇8月上旬为轻警，信号为蓝灯；中旬为无警，信号为绿灯；下旬为无警，信号为绿灯；西河镇8月上旬为中警，信号为黄灯；中旬为无警，信号为绿灯；下旬为无警，信号为绿灯；茅坪镇8月上旬为中警，信号为黄灯；中旬为无警，信号为绿灯；下旬为无警，信号为绿灯；新南镇8月上旬为中警，信号为黄灯；中旬为无警，信号为绿灯；下旬为无警，信号为绿灯；天城镇 8 月上旬为中警，信号为黄灯；中旬为无警，信号为绿灯；下旬为无警，信号为绿灯；抄乐镇 8 月上旬为中警，信号为黄灯；中旬为无警，信号为绿灯；下旬为无警，信号为绿灯；兴隆镇 8 月上旬为轻警，信号为蓝灯；中旬为无警，信号为绿灯；下旬为无警，信号为绿灯；洗马镇 8 月上旬为中警，信号为黄灯；中旬为无警，信号为绿灯；下旬为无警，信号为绿灯；马山镇 8 月上旬为轻警，信号为蓝灯；中旬为无警，信号为绿灯；下旬为无警，信号为绿灯；湄江街道 8 月上旬为中警，信号为黄灯；中旬为无警，信号为绿灯；下旬为无警，信号为绿灯；黄家坝街道 8 月上旬为轻警，信号为蓝灯；中旬为无警，信号为绿灯；下旬为无警，信号为绿灯；鱼泉街道 8 月上旬为中警，信号为黄灯；中旬为无警，信号为绿灯；下旬为无警，信号为绿灯。

3. 预警结果汇总

（1）修文县各乡镇 2013 年 8 月干旱预警 SPA 结果见表 4-13～表 4-22。

表 4-13　　　　　　　龙场镇 2013 年 8 月干旱预警 SPA 结果

时段	本研究 SPA			常规 SPA		
	干旱类型	警度	信号	干旱类型	警度	信号
上旬	轻度干旱	轻警	蓝灯	中度干旱	中警	黄灯
中旬	正常	无警	绿灯	轻度干旱	轻警	蓝灯
下旬	正常	无警	绿灯	轻度干旱	轻警	蓝灯

表 4-14　　　　　　　扎佐镇 2013 年 8 月干旱预警 SPA 结果

时段	本研究 SPA			常规 SPA		
	干旱类型	警度	信号	干旱类型	警度	信号
上旬	中度干旱	中警	黄灯	中度干旱	中警	黄灯
中旬	正常	无警	绿灯	中度干旱	中警	黄灯
下旬	正常	无警	绿灯	正常	无警	绿灯

表 4-15　　　　　　　久长镇 2013 年 8 月干旱预警 SPA 结果

时段	本研究 SPA			常规 SPA		
	干旱类型	警度	信号	干旱类型	警度	信号
上旬	轻度干旱	轻警	蓝灯	中度干旱	中警	黄灯
中旬	正常	无警	绿灯	中度干旱	中警	黄灯
下旬	正常	无警	绿灯	正常	无警	绿灯

表 4－16 六厂镇 2013 年 8 月干旱预警 SPA 结果

时段	本研究 SPA			常规 SPA		
	干旱类型	警度	信号	干旱类型	警度	信号
上旬	中度干旱	中警	黄灯	中度干旱	中警	黄灯
中旬	正常	无警	绿灯	中度干旱	中警	黄灯
下旬	正常	无警	绿灯	正常	无警	绿灯

表 4－17 六屯镇 2013 年 8 月干旱预警 SPA 结果

时段	本研究 SPA			常规 SPA		
	干旱类型	警度	信号	干旱类型	警度	信号
上旬	中度干旱	中警	黄灯	中度干旱	中警	黄灯
中旬	正常	无警	绿灯	正常	无警	绿灯
下旬	轻度干旱	轻警	蓝灯	中度干旱	中警	黄灯

表 4－18 洒坪镇 2013 年 8 月干旱预警 SPA 结果

时段	本研究 SPA			常规 SPA		
	干旱类型	警度	信号	干旱类型	警度	信号
上旬	中度干旱	中警	黄灯	中度干旱	中警	黄灯
中旬	正常	无警	绿灯	正常	无警	绿灯
下旬	轻度干旱	轻警	蓝灯	中度干旱	中警	黄灯

表 4－19 六桶镇 2013 年 8 月干旱预警 SPA 结果

时段	本研究 SPA			常规 SPA		
	干旱类型	警度	信号	干旱类型	警度	信号
上旬	中度干旱	中警	黄灯	中度干旱	中警	黄灯
中旬	正常	无警	绿灯	正常	无警	绿灯
下旬	正常	无警	绿灯	正常	无警	绿灯

表 4－20 谷堡乡 2013 年 8 月干旱预警 SPA 结果

时段	本研究 SPA			常规 SPA		
	干旱类型	警度	信号	干旱类型	警度	信号
上旬	中度干旱	中警	黄灯	中度干旱	中警	黄灯
中旬	正常	无警	绿灯	正常	无警	绿灯
下旬	轻度干旱	轻警	蓝灯	中度干旱	中警	黄灯

表 4-21   小箐乡 2013 年 8 月干旱预警 SPA 结果

时段	本研究 SPA			常规 SPA		
	干旱类型	警度	信号	干旱类型	警度	信号
上旬	中度干旱	中警	黄灯	中度干旱	中警	黄灯
中旬	正常	无警	绿灯	正常	无警	绿灯
下旬	轻度干旱	轻警	蓝灯	中度干旱	中警	黄灯

表 4-22   大石乡 2013 年 8 月干旱预警 SPA 结果

时段	本研究 SPA			常规 SPA		
	干旱类型	警度	信号	干旱类型	警度	信号
上旬	正常	无警	绿灯	正常	无警	绿灯
中旬	正常	无警	绿灯	正常	无警	绿灯
下旬	正常	无警	绿灯	正常	无警	绿灯

（2）兴仁县各乡镇（街道）2013 年 8 月干旱预警 SPA 结果见表 4-23～表 4-39。

表 4-23   东湖街道 2013 年 8 月干旱预警 SPA 结果

时段	本研究 SPA			常规 SPA		
	干旱类型	警度	信号	干旱类型	警度	信号
上旬	正常	无警	绿灯	正常	无警	绿灯
中旬	正常	无警	绿灯	正常	无警	绿灯
下旬	正常	无警	绿灯	正常	无警	绿灯

表 4-24   城北街道 2013 年 8 月干旱预警 SPA 结果

时段	本研究 SPA			常规 SPA		
	干旱类型	警度	信号	干旱类型	警度	信号
上旬	正常	无警	绿灯	正常	无警	绿灯
中旬	轻度干旱	轻警	蓝灯	轻度干旱	轻警	蓝灯
下旬	正常	无警	绿灯	正常	无警	绿灯

表 4-25   城南街道 2013 年 8 月干旱预警 SPA 结果

时段	本研究 SPA			常规 SPA		
	干旱类型	警度	信号	干旱类型	警度	信号
上旬	正常	无警	绿灯	正常	无警	绿灯
中旬	正常	无警	绿灯	正常	无警	绿灯
下旬	正常	无警	绿灯	正常	无警	绿灯

表 4 - 26　　　　　　　　　真武山街道 2013 年 8 月干旱预警 *SPA* 结果

时段	本研究 *SPA*			常规 *SPA*		
	干旱类型	警度	信号	干旱类型	警度	信号
上旬	正常	无警	绿灯	正常	无警	绿灯
中旬	正常	无警	绿灯	正常	无警	绿灯
下旬	正常	无警	绿灯	正常	无警	绿灯

表 4 - 27　　　　　　　　　屯脚镇 2013 年 8 月干旱预警 *SPA* 结果

时段	本研究 *SPA*			常规 *SPA*		
	干旱类型	警度	信号	干旱类型	警度	信号
上旬	正常	无警	绿灯	正常	无警	绿灯
中旬	轻度干旱	轻警	蓝灯	轻度干旱	轻警	蓝灯
下旬	正常	无警	绿灯	正常	无警	绿灯

表 4 - 28　　　　　　　　　巴玲镇 2013 年 8 月干旱预警 *SPA* 结果

时段	本研究 *SPA*			常规 *SPA*		
	干旱类型	警度	信号	干旱类型	警度	信号
上旬	正常	无警	绿灯	正常	无警	绿灯
中旬	正常	无警	绿灯	正常	无警	绿灯
下旬	正常	无警	绿灯	正常	无警	绿灯

表 4 - 29　　　　　　　　　回龙镇 2013 年 8 月干旱预警 *SPA* 结果

时段	本研究 *SPA*			常规 *SPA*		
	干旱类型	警度	信号	干旱类型	警度	信号
上旬	正常	无警	绿灯	正常	无警	绿灯
中旬	正常	无警	绿灯	正常	无警	绿灯
下旬	正常	无警	绿灯	正常	无警	绿灯

表 4 - 30　　　　　　　　　潘家庄镇 2013 年 8 月干旱预警 *SPA* 结果

时段	本研究 *SPA*			常规 *SPA*		
	干旱类型	警度	信号	干旱类型	警度	信号
上旬	正常	无警	绿灯	正常	无警	绿灯
中旬	正常	无警	绿灯	正常	无警	绿灯
下旬	正常	无警	绿灯	正常	无警	绿灯

表 4-31 下山镇 2013 年 8 月干旱预警 SPA 结果

时段	本研究 SPA			常规 SPA		
	干旱类型	警度	信号	干旱类型	警度	信号
上旬	正常	无警	绿灯	正常	无警	绿灯
中旬	正常	无警	绿灯	正常	无警	绿灯
下旬	正常	无警	绿灯	正常	无警	绿灯

表 4-32 新龙场镇 2013 年 8 月干旱预警 SPA 结果

时段	本研究 SPA			常规 SPA		
	干旱类型	警度	信号	干旱类型	警度	信号
上旬	正常	无警	绿灯	正常	无警	绿灯
中旬	正常	无警	绿灯	正常	无警	绿灯
下旬	正常	无警	绿灯	正常	无警	绿灯

表 4-33 百德镇 2013 年 8 月干旱预警 SPA 结果

时段	本研究 SPA			常规 SPA		
	干旱类型	警度	信号	干旱类型	警度	信号
上旬	正常	无警	绿灯	正常	无警	绿灯
中旬	轻度干旱	轻警	蓝灯	轻度干旱	轻警	蓝灯
下旬	正常	无警	绿灯	正常	无警	绿灯

表 4-34 李关乡 2013 年 8 月干旱预警 SPA 结果

时段	本研究 SPA			常规 SPA		
	干旱类型	警度	信号	干旱类型	警度	信号
上旬	正常	无警	绿灯	正常	无警	绿灯
中旬	正常	无警	绿灯	正常	无警	绿灯
下旬	正常	无警	绿灯	正常	无警	绿灯

表 4-35 民建乡 2013 年 8 月干旱预警 SPA 结果

时段	本研究 SPA			常规 SPA		
	干旱类型	警度	信号	干旱类型	警度	信号
上旬	正常	无警	绿灯	正常	无警	绿灯
中旬	正常	无警	绿灯	正常	无警	绿灯
下旬	正常	无警	绿灯	正常	无警	绿灯

表 4 – 36 鲁础营乡 2013 年 8 月干旱预警 SPA 结果

时段	本研究 SPA			常规 SPA		
	干旱类型	警度	信号	干旱类型	警度	信号
上旬	正常	无警	绿灯	正常	无警	绿灯
中旬	正常	无警	绿灯	正常	无警	绿灯
下旬	正常	无警	绿灯	正常	无警	绿灯

表 4 – 37 大山乡 2013 年 8 月干旱预警 SPA 结果

时段	本研究 SPA			常规 SPA		
	干旱类型	警度	信号	干旱类型	警度	信号
上旬	正常	无警	绿灯	正常	无警	绿灯
中旬	轻度干旱	轻警	蓝灯	轻度干旱	轻警	蓝灯
下旬	正常	无警	绿灯	正常	无警	绿灯

表 4 – 38 田湾乡 2013 年 8 月干旱预警 SPA 结果

时段	本研究 SPA			常规 SPA		
	干旱类型	警度	信号	干旱类型	警度	信号
上旬	正常	无警	绿灯	正常	无警	绿灯
中旬	正常	无警	绿灯	正常	无警	绿灯
下旬	正常	无警	绿灯	正常	无警	绿灯

表 4 – 39 新马场乡 2013 年 8 月干旱预警 SPA 结果

时段	本研究 SPA			常规 SPA		
	干旱类型	警度	信号	干旱类型	警度	信号
上旬	正常	无警	绿灯	正常	无警	绿灯
中旬	正常	无警	绿灯	正常	无警	绿灯
下旬	正常	无警	绿灯	正常	无警	绿灯

（3）湄潭县各乡镇（街道）2013 年 8 月干旱预警 SPA 结果见表 4 – 40～表 4 – 54。

表 4 – 40 永兴镇 2013 年 8 月干旱预警 SPA 结果

时段	本研究 SPA			常规 SPA		
	干旱类型	警度	信号	干旱类型	警度	信号
上旬	轻度干旱	轻警	蓝灯	轻度干旱	轻警	蓝灯
中旬	正常	无警	绿灯	正常	无警	绿灯
下旬	正常	无警	绿灯	正常	无警	绿灯

表 4 - 41　　　　　　　　　　**复兴镇 2013 年 8 月干旱预警 SPA 结果**

时段	本研究 SPA			常规 SPA		
	干旱类型	警度	信号	干旱类型	警度	信号
上旬	轻度干旱	轻警	蓝灯	轻度干旱	轻警	蓝灯
中旬	正常	无警	绿灯	正常	无警	绿灯
下旬	正常	无警	绿灯	正常	无警	绿灯

表 4 - 42　　　　　　　　　　**石莲镇 2013 年 8 月干旱预警 SPA 结果**

时段	本研究 SPA			常规 SPA		
	干旱类型	警度	信号	干旱类型	警度	信号
上旬	轻度干旱	轻警	蓝灯	轻度干旱	轻警	蓝灯
中旬	正常	无警	绿灯	正常	无警	绿灯
下旬	正常	无警	绿灯	正常	无警	绿灯

表 4 - 43　　　　　　　　　　**高台镇 2013 年 8 月干旱预警 SPA 结果**

时段	本研究 SPA			常规 SPA		
	干旱类型	警度	信号	干旱类型	警度	信号
上旬	轻度干旱	轻警	蓝灯	轻度干旱	轻警	蓝灯
中旬	正常	无警	绿灯	正常	无警	绿灯
下旬	正常	无警	绿灯	正常	无警	绿灯

表 4 - 44　　　　　　　　　　**西河镇 2013 年 8 月干旱预警 SPA 结果**

时段	本研究 SPA			常规 SPA		
	干旱类型	警度	信号	干旱类型	警度	信号
上旬	中度干旱	中警	黄灯	中度干旱	中警	黄灯
中旬	正常	无警	绿灯	正常	无警	绿灯
下旬	正常	无警	绿灯	正常	无警	绿灯

表 4 - 45　　　　　　　　　　**茅坪镇 2013 年 8 月干旱预警 SPA 结果**

时段	本研究 SPA			常规 SPA		
	干旱类型	警度	信号	干旱类型	警度	信号
上旬	中度干旱	中警	黄灯	中度干旱	中警	黄灯
中旬	正常	无警	绿灯	正常	无警	绿灯
下旬	正常	无警	绿灯	正常	无警	绿灯

表 4 - 46 　　　　　　　　　　　　**新南镇 2013 年 8 月干旱预警 SPA 结果**

时段	本研究 SPA			常规 SPA		
	干旱类型	警度	信号	干旱类型	警度	信号
上旬	中度干旱	中警	黄灯	中度干旱	中警	黄灯
中旬	正常	无警	绿灯	正常	无警	绿灯
下旬	正常	无警	绿灯	正常	无警	绿灯

表 4 - 47 　　　　　　　　　　　　**天城镇 2013 年 8 月干旱预警 SPA 结果**

时段	本研究 SPA			常规 SPA		
	干旱类型	警度	信号	干旱类型	警度	信号
上旬	中度干旱	中警	黄灯	中度干旱	中警	黄灯
中旬	正常	无警	绿灯	正常	无警	绿灯
下旬	正常	无警	绿灯	正常	无警	绿灯

表 4 - 48 　　　　　　　　　　　　**抄乐镇 2013 年 8 月干旱预警 SPA 结果**

时段	本研究 SPA			常规 SPA		
	干旱类型	警度	信号	干旱类型	警度	信号
上旬	中度干旱	中警	黄灯	中度干旱	中警	黄灯
中旬	正常	无警	绿灯	正常	无警	绿灯
下旬	正常	无警	绿灯	正常	无警	绿灯

表 4 - 49 　　　　　　　　　　　　**兴隆镇 2013 年 8 月干旱预警 SPA 结果**

时段	本研究 SPA			常规 SPA		
	干旱类型	警度	信号	干旱类型	警度	信号
上旬	轻度干旱	轻警	蓝灯	轻度干旱	轻警	蓝灯
中旬	正常	无警	绿灯	正常	无警	绿灯
下旬	正常	无警	绿灯	正常	无警	绿灯

表 4 - 50 　　　　　　　　　　　　**洗马镇 2013 年 8 月干旱预警 SPA 结果**

时段	本研究 SPA			常规 SPA		
	干旱类型	警度	信号	干旱类型	警度	信号
上旬	中度干旱	中警	黄灯	中度干旱	中警	黄灯
中旬	正常	无警	绿灯	正常	无警	绿灯
下旬	正常	无警	绿灯	正常	无警	绿灯

表 4-51   马山镇 2013 年 8 月干旱预警 SPA 结果

时段	本研究 SPA			常规 SPA		
	干旱类型	警度	信号	干旱类型	警度	信号
上旬	轻度干旱	轻警	蓝灯	轻度干旱	轻警	蓝灯
中旬	正常	无警	绿灯	正常	无警	绿灯
下旬	正常	无警	绿灯	正常	无警	绿灯

表 4-52   湄江街道 2013 年 8 月干旱预警 SPA 结果

时段	本研究 SPA			常规 SPA		
	干旱类型	警度	信号	干旱类型	警度	信号
上旬	中度干旱	中警	黄灯	中度干旱	中警	黄灯
中旬	正常	无警	绿灯	正常	无警	绿灯
下旬	正常	无警	绿灯	正常	无警	绿灯

表 4-53   黄家坝街道 2013 年 8 月干旱预警 SPA 结果

时段	本研究 SPA			常规 SPA		
	干旱类型	警度	信号	干旱类型	警度	信号
上旬	轻度干旱	轻警	蓝灯	轻度干旱	轻警	蓝灯
中旬	正常	无警	绿灯	正常	无警	绿灯
下旬	正常	无警	绿灯	正常	无警	绿灯

表 4-54   鱼泉街道 2013 年 8 月干旱预警 SPA 结果

时段	本研究 SPA			常规 SPA		
	干旱类型	警度	信号	干旱类型	警度	信号
上旬	中度干旱	中警	黄灯	中度干旱	中警	黄灯
中旬	正常	无警	绿灯	正常	无警	绿灯
下旬	正常	无警	绿灯	正常	无警	绿灯

根据表 4-13～表 4-54 及图 4-4～图 4-6 可知，改进 SPA 理论预警结果与实际发生干旱情况是一致的；常规 SPA 模型没考虑更优指标对同一度影响，只看同一度，不符合最大隶属度原则，不符合实际情况。而本研究不仅看同一度，而且看同一度左侧更优值对同一度的影响，考虑更为全面。本书研究的多元集对分析模型与常规集对分析模型相比，先判断适用条件，适用后评级预警，不适用时计算同化度，再评级预警，得出结论更符合实际情况，结果更为合理。

修文县	时　间　段		
	上旬	中旬	下旬
龙场镇	蓝灯	绿灯	绿灯
扎佐镇	黄灯	绿灯	绿灯
久长镇	蓝灯	绿灯	绿灯
六厂镇	黄灯	绿灯	绿灯
六屯镇	黄灯	绿灯	蓝灯
洒坪镇	黄灯	绿灯	蓝灯
六桶镇	黄灯	绿灯	绿灯
谷堡乡	黄灯	绿灯	蓝灯
小箐乡	黄灯	绿灯	蓝灯
大石乡	绿灯	绿灯	绿灯

图 4-4　修文县 2013 年 8 月干旱预警结果图

兴仁县	时　段		
	上旬	中旬	下旬
东湖街道	绿灯	绿灯	绿灯
城北街道	绿灯	蓝灯	绿灯
城南街道	绿灯	绿灯	绿灯
真武山街道	绿灯	绿灯	绿灯
屯脚镇	绿灯	蓝灯	绿灯
巴玲镇	绿灯	绿灯	绿灯
回龙镇	绿灯	绿灯	绿灯
潘家庄镇	绿灯	绿灯	绿灯
下山镇	绿灯	绿灯	绿灯
新龙场镇	绿灯	绿灯	绿灯
百德镇	绿灯	蓝灯	绿灯
李关乡	绿灯	绿灯	绿灯
民建乡	绿灯	绿灯	绿灯
鲁础营乡	绿灯	绿灯	绿灯
大山乡	绿灯	蓝灯	绿灯
田湾乡	绿灯	绿灯	绿灯
新马场乡	绿灯	绿灯	绿灯

图 4-5　兴仁县 2013 年 8 月干旱预警结果图

湄潭县	时 段		
	上旬	中旬	下旬
永兴镇	蓝灯	绿灯	绿灯
复兴镇	蓝灯	绿灯	绿灯
石莲镇	蓝灯	绿灯	绿灯
高台镇	蓝灯	绿灯	绿灯
西河镇	黄灯	绿灯	绿灯
茅坪镇	黄灯	绿灯	绿灯
新南镇	黄灯	绿灯	绿灯
天城镇	黄灯	绿灯	绿灯
抄乐镇	黄灯	绿灯	绿灯
兴隆镇	蓝灯	绿灯	绿灯
洗马镇	黄灯	绿灯	绿灯
马山镇	蓝灯	绿灯	绿灯
湄江街道	黄灯	绿灯	绿灯
黄家坝街道	蓝灯	绿灯	绿灯
鱼泉街道	黄灯	绿灯	绿灯

图 4-6 湄潭县 2013 年 8 月干旱预警结果图

4.4 旱情排警措施

4.4.1 大力加强水源工程建设和旱灾监测力度

水源工程建设不足、水利基础设施薄弱是导致贵州省旱情旱灾严重的重要原因之一，因此西南地区的干旱缺水是"工程性缺水"。

针对贵州省农村饮水困难和农业干旱突出的问题，应加强中型水库、"五小"水利工程等抗旱应急水源工程的建设，鼓励和扶持群众开展打井、截潜流、扩塘坝等水源工程建设，维修加固现有水利工程，做好防渗工作。在地形、地质条件有利的地下暗河发育地区，可以建地下水库，或井群开采，集中供水。"五小"水利工程的调蓄能力小，供水保证率不高，遭遇严重干旱年份容易出现缺水干涸现象。因此，不能忽视大型骨干水源配置工程建设，应推进贵州重点江河水系连通，建设大中型水源调蓄工程，实行多源互补、丰枯调剂，实现水资源优化配置，强化区域水资源的统一管理和调度，全面提高水利工程抗御大旱、减轻灾害、抵御风险的能力。

抗旱的目的在于防旱，必须及时准确掌握雨情、水情，分析旱情的产生、发展过程和变化趋势，做好中长期的干旱预测。构造全新的旱情监测理念，利用现有的技术，建立一个能及时预报旱情的监测系统，是目前最需要解决的问题。为了及时掌握旱情动态情况，及时监测旱情变化，及时发现旱情，应当采用先进的技术来建立抗旱信息系统，用于旱情的决策分析、信息传输和旱情监测等，为旱情决策部门及时准确地提供旱情信息。

4.4.2　开辟新水源扩充水资源量

节约用水并不能增加水的供给量，只能减少水的浪费，为从根本上解决缺少问题，须扩大水资源的总量，开辟新的水源。贵州地区水资源紧缺的最主要原因是降水时空分布不均。因此，可以采取一定的措施使降水在时空分布上得到再分配，从而解决干旱缺水问题的方法之一。对于丰水期的降水和洪水资源，通过一定方式予以充分存蓄，成为具有持续供水能力的稳定水源，以待丰水期过后使用。

4.4.3　改变治旱思路并增强抗旱意识

旱灾形成的原因有很多，除去自然因素，人们对旱情的认识不足也是一个很重要的因素。如果要想从根本上解决资源型缺水，就必须加深对水资源的了解。水利发展应着眼于未来，综合考虑、合理规划，做到因地制宜。通过水资源可持续利用为经济社会的可持续发展保驾护航。为了解决抗旱问题，人们应当增强抗旱和减灾意识、全民共同参与、全社会通力合作、各个部门加强协作，共同参与旱灾预警机制的研究制定。

4.4.4　节约用水并提高用水效率

随着科技的发展，节水技术不断提高。贵州省水资源相对丰沛，长期以来，人们缺乏节约意识，重汛轻旱的思想也比较严重。节约用水、提高水资源的利用率是解决干旱缺水问题的重要举措。对于贵州省节水工作，可以从以下几个方面进行：

（1）改变农业用水的传统灌溉方式，发展高效节水灌溉技术，如喷灌、滴灌等。

（2）改变工业用水不合理的布局及落后的工艺，提高水资源重复利用率，降低万元产值耗水量。

（3）公共和生活用水采取经济手段，通过安装水表和阶梯水价等具体办法加强用水管理，减少用水浪费。

（4）科学管理和调配水源，算清水账，细化水量调度，加强用水协调，提高水资源利用效率。

总之，应该把节水作为解决干旱缺水问题的根本战略。其核心是提高水的利用效率，为经济和社会的可持续发展提供资源保障。

4.4.5　完善抗旱非工程措施

贵州省亟待加强抗旱非工程措施的建设，主要体现在以下两方面：

（1）着力建设旱情监测预报预警系统。目前贵州省干旱常常受持续数月无有效降水影响，因此应加强中长期的气候预测，提高干旱灾害预报的超前性、准确性。另外，贵州省的墒情监测站点量少点稀，并且普遍存在监测数据不准问题，应综合利用多种监测手段，如气象、土壤、遥感等，加强对水雨情和旱情的预测预报工作，并建立旱情监测预警和决策支持系统。

（2）充分发挥抗旱服务组织的作用。近几年，国家不断加大对抗旱服务组织的投入和支持力度，不断推进区县抗旱服务组织的建设。应进一步完善抗旱服务组织体系建设，使其科学、高效地发挥抗旱减灾作用，并积极推进抗旱物资储备工作。

4.5　小结

本章研究构建了贵州省干旱预警模型，具体结论包括以下几点：

（1）构建了干旱预警指标体系，将旱情等级划分为 5 个等级，确定了旱情预警的警度划分标准和警限。

（2）利用集对分析可展性，引入同化度等概念建立了多元集对分析模糊预警模型，并采用层次分析法（AHP）确定各指标权重。应用该模型对贵州省修文县、兴仁县、湄潭县各乡镇 2013 年 8 月的上旬、中旬、下旬分别发生干旱情况进行预警，发现运用该模型得出的预警结果与实际发生干旱情况相符合，该预警模型是一种切实有效可行的预警方法。

（3）根据预警结果，提出了贵州省旱情排警具体措施。

第 5 章

贵州省典型县农业抗旱预警信息系统构建

5.1 系统开发目标与任务

5.1.1 设计原则

1. 实用性原则

实用性原则即能够最大限度地满足实际工作要求，它是系统对用户最基本的承诺，应该考虑以下方面：

（1）系统总体设计充分考虑用户数据处理的便利性和可行性，把满足用户管理作为第一要素进行考虑。

（2）采取总体设计、分步实施的技术方案，在总体设计的前提下，系统实施中首先进行业务处理层及管理中的低层管理，稳步向中高层管理及全面自动化过渡，这样做可以使系统始终与用户的实际需求紧密连在一起，不但增加了系统的实用性，而且可使系统建设保持很好的连贯性。

（3）充分考虑用户的实际需要设计人机操作。

（4）用户接口及界面设计将充分考虑人体结构特征及视觉特征进行优化设计，界面尽可能美观大方，操作简便实用。

2. 可靠性原则

提高系统可靠性的一般做法如下：

（1）采用具有容错功能的服务器及网络设备，可选用双机备份、Cluster 技术的硬件设备配备方案，出现故障时能够迅速恢复并有适当的应急措施。

（2）采用数据备份恢复、数据日志、故障处理等系统故障对策功能。

（3）数据的安全保密。用户的数据很多直接关系到安全生产，系统的总体设计必须充分考虑安全保密性。服务器操作系统平台最好基于 Unix、Linux、Windows 2008 等，数据库可以选 SQL Server、Oracle、Sybase、DB2 等。系统采用操作权限控制、设备钥匙、密码控制、系统日志监督、数据更新严格凭证等多种手段防止系统数据被窃取和篡改。

3. 先进性原则

采用当今国内、国际上较先进和成熟的计算机软硬件技术，使新建立的系统能够最大限度地适应今后技术发展变化和业务发展变化的需要，比如采用的系统结构应当是先进的、开放的体系结构；先进的现代管理技术，以保证系统的科学性。

4. 可扩充、可维护性原则

系统维护在整个软件的生命周期中所占比重是最大的，因此，提高系统的可扩充性和可维护性是提高管理信息系统性能的必备手段：

（1）应用软件采用的结构和程序模块化构造，要充分考虑使之获得较好的可维护性和可移植性，即可以根据需要修改某个模块、增加新的功能以及重组系统的结构以达到程序可重用的目的。

（2）数据存储结构设计在充分考虑其合理、规范的基础上，同时具有可维护性，对数据库表的修改维护可以在很短的时间内完成。

（3）系统部分功能考虑采用参数定义及生成方式以保证其具备普通适应性。

（4）部分功能采用多处理选择模块以适应管理模块的变更；系统提供通用报表及模块管理组装工具，以支持新的应用。

5.1.2　系统开发目标

在研究贵州省干旱特点和规律的基础上，以典型县（修文县、湄潭县、兴仁县）未来天气情况、土壤墒情基本数据、区域可调水量为基础判据，实现典型县乡镇单元灌溉实时预报、旱情预报、旱灾预报。达到某一阈值，则预警，给出相应对策，为县区行政领导提供及时、有效的旱情数据及抗旱布置工作提供支持。

5.1.3　系统编译及运行环境

系统采用 B/S 架构，需在服务器端安装 ArcGIS Server 10.4，配置服务器端的地图发布环境，进行地图服务的发布，安装 SQL Server 2012，用于数据库的管理。系统编译环境包含以下内容：

（1）安装（IIS）Internet Information Services 6.0。

（2）安装 ArcGIS Server 10.4。

（3）配置 ArcGIS API for JavaScript 3.9。

（4）安装 Microsoft Visual Studio 2017。

（5）安装 SQL Server 2012。

系统运行环境：Windows 7 以上版本操作系统，100G 以上硬盘，4G 以上内存，15.6 英寸以上显示屏。

5.2 系统总体设计

5.2.1 系统总体框架

20世纪90年代，互联网已进入到人类生活的各个领域，成为信息交流、传递、发布的最为重要的技术手段，而不再是实验室或某些特殊机构的专属工具。由于传统的基于浏览器的应用程序的静态应用，对于数据的处理与呈现效率较低，一次只需要小部分应用就需要刷新整个页面，耗费的服务器资源大大提升，用户体验不佳，无法满足人们日益增长的对互联网的需求，RIA 就由此产生。RIA（Rich Internet Application）即富因特网应用程序，是一种集桌面程序的优点和传统 Web 技术为一体的，提供丰富用户体验的、交互性强的、界面友好的、易部署的互联网应用。RIA 一词最初由 Macromedia 公司（后被 Adobe 公司收购）在 2002 年 3 月发表的一份白皮书上提出，此后便掀起了一股 RIA 浪潮。RIA 的官方解释为"提供丰富的、引人入胜的体验，该体验可提高用户满意度并提高用户的生产效率，使用互联网的广泛触及力，可以在各种浏览器、桌面和设备上部署"。RIA 是一种 Web 体验，它向用户提供了一种灵活易用的职能桌面应用程序，并且将其使用范围延伸到传统的 Web 应用程序中。Web2.0 时代也就在这个时候走进人们的生活，网络技术由此得到大步的前进。在 Web2.0 时代，丰富的用户体验不再只是一种理想，而是一个重要原则。Web2.0 技术主要包括：博客、RSS、百科全书（Wiki）、网摘、社会网络（SNS）、P2P、即时信息（IM）等。而 RIA 则是推进 Web1.0 发展到 Web2.0 的一种主要的技术力量。

本系统采用 ArcGIS Server 发布地图服务，应用 JavaScript 技术引用地图服务，进行前端设计和展示，通过 WCF（Windows Communication Foundation）即由微软开发的一系列支持数据通信的应用程序框架技术与后台数据库进行交互。

系统整体框架分为 3 层，即表现层、应用层、数据层，如图 5-1 所示。

（1）表现层。基于浏览器客户端为用户呈现一个丰富的、具有高交互性的可视化界面，以图文一体化的方式显示空间和属性信息，同时也为用户提供地图交互、信息查询、数据分析的交互接口。

（2）应用层。这是负责响应客户端请求的核心层。它接收来自客户端的请求，并根据用户请求类型做出相应响应。通过 .net 应用服务器与 ArcGIS Server 服务器响应空间数据和属性数据请求，对空间数据进行分析和控制。同时利用应用网关、远程服务与业务数据库进行交互，完成业务数据的查询。

（3）数据层。它是系统的底层，负责空间数据和属性数据的存取机制，维护各种数据之间的关系，并提供数据备份、数据存档、数据安全机制，为整个系统提供数据源的保障。

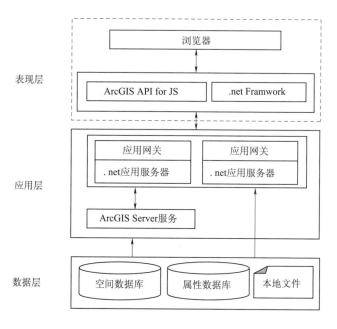

图 5-1　系统框架

5.2.2　系统功能

系统主要包含地图操作、旱情旱灾逐日预测、干旱预警等三大功能模块。

1. 地图操作

基本地图操作包括地图导航（如放大、缩小、平移、全图等）、地图切换、专题图层显示（土地利用、土壤分布等）。

2. 旱情旱灾逐日预测

通过载入未来 10d 的气象数据，例如最高气温、最低气温、平均风速、日照时数、平均相对湿度和降雨量等，在给定初始土壤含水率的条件下，预测未来 10d 的土壤含水率。以图表方式展现土壤含水率变化曲线，并给出阀值，根据土壤含水率预测旱情和旱灾。

3. 干旱预警

该模块选取未来旬降水量距平百分率、土壤相对湿度、区域农业旱情指数、水利工程蓄水距平百分率、因旱饮水困难人口占当地总人口的比例、依据实际降水量算出的降水量距平百分率等 6 个指标作为干旱预警指标，以集对分析为基础，计算评价指标矩阵，以旬作为时间预警尺度，对某一县市未来旬可能出现的干旱状况作出相应级别的预警，并将预警结果存入数据库。

5.3　数据库设计

5.3.1　数据库设计原则

1. 标准化

数据类别界定清晰，定义明确（无二义性），字段说明翔实，术语的采用及定义尽可能符合有关国家和行业规范。

2. 可靠性

数据表结构和属性字段的定义要求完整、明确、界限清晰，保证用户能方便准确地采集和查询数据。对为了提高查询速度增加的数据冗余，应确保其一致性，避免更新异常以提高系统的可靠性。

3. 实用性

满足指挥各工作环节的需求，充分考虑工作的具体要求，数据取舍关系的建立应符合各类工程的实际。

4. 先进性

尽可能采用现代数据库技术，保证设计的先进性，必要时适当放宽规范化要求和冗余度要求。

此外在编码设计上要遵循以下原则：

（1）保持地理空间对象的逻辑一致性和唯一性，满足综合数据库集成和网络共享的需要，使不同类型用户能够对共享的数据进行综合查询。

（2）对于已经有国家标准或行业标准的空间数据、业务数据均采用现成的标准编码；对于没有标准编码的空间数据、业务数据，在建设中应依据空间数据和业务数据的一般编码规则，给出能反映专题分类层次结构的编码体系，并使编码与数据库中的其他编码保持结构上的一致性。

（3）简化与统一相结合，具有可扩充性。对于空间数据编码，参照对应已有国家标准或行业标准的空间数据；对于基础业务数据库数据编码，首先是要参照已有的国家和行业标准的分类与编码体系，无参照标准的，基础业务数据库将按照上述的编码原则给出编码。

5.3.2　空间信息数据库

本系统中的空间信息数据库主要包括贵州省行政区划图、水系分布图、数字高程模型图、土地利用图和土壤类型分布图等。

1. 地图文档制作

基于 ArcGIS 软件平台，构建贵州省行政区划图、水系分布图、数字高程模型图、土地利用图及土壤类型分布图等基础地理信息数据的地图文档，如图 5-2 所示。

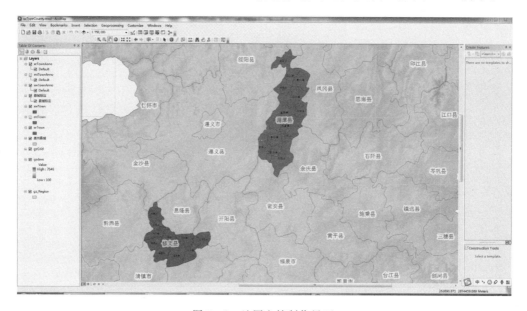

图 5-2　地图文档制作界面

2. 地图服务发布

基于 ArcGIS Server 软件的地图发布功能，将制作完成的地图文档进行发布，并对发布的地图进行缓存处理，如图 5-3 所示。

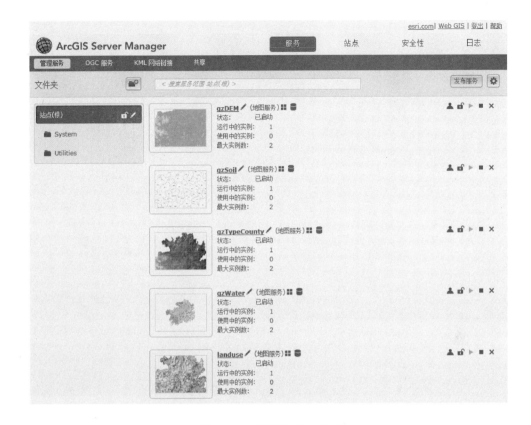

图 5-3　地图服务发布界面

5.3.3　旱情旱灾基础数据库

基础数据包括旱情旱灾预测基本信息、干旱预警基本信息等。

1. 旱情旱灾预测基本信息

通过载入未来 10d 的气象数据，在给定初始土壤含水率的条件下，预测未来 10d 田间土壤含水率。以图表方式展现土壤含水率变化曲线，并给出阈值，根据土壤含水率预测旱情和旱灾。以天气数据为例，其基本表结构如图 5-4 所示。

2. 干旱预警基本信息

该模块选取未来旬降水量距平百分率、土壤相对湿度、区域农业旱情指数、水利工程蓄水距平百分率、因旱饮水困难人口占当地总人口的比例、依据实际降水量算出的降水量距平百分率等 6 个指标作为干旱预警指标，以集对分析为基础，计算评价指

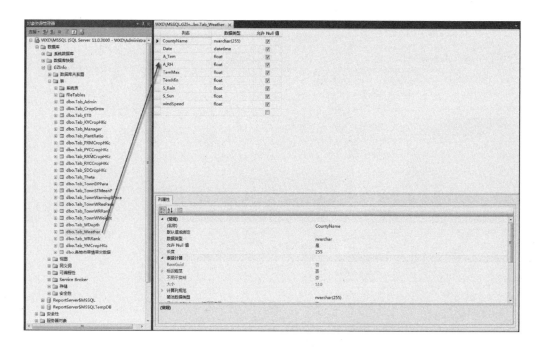

图 5-4　未来天气数据表结构界面

标矩阵，以旬作为时间预警尺度，对某一县市未来旬可能出现的干旱状况做出相应级别的预警。以干旱预警权重数据表为例，其表结构如图 5-5 所示。

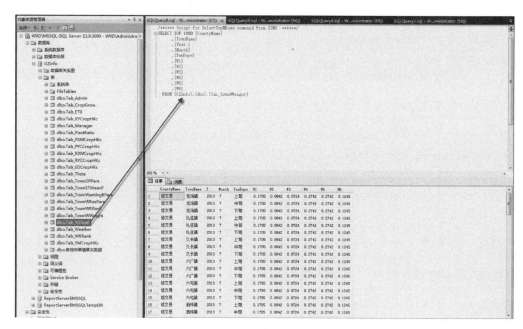

图 5-5　干旱预警权重数据表结构界面

5.4 系统功能与实现

本系统基于 SQL Server 2012 构建农业抗旱预警基础判据数据库，采用 B/S 架构，构建农业抗旱预警 WebGIS 系统，实现旱情旱灾空间信息和属性信息的综合展示。最终形成系统登录、孕灾环境、旱情旱灾、干旱预警、抗旱能力等五大功能模块。

5.4.1 系统登录

系统登录功能子系统的作用是保障系统运行的安全性。用户在进入系统之前，必须先输入用户名和密码，确认有效后方可进入系统。

系统启动后，首先进行用户的使用权限确认，要求用户输入用户密码。当密码正确时，用户自动进入系统；否则，系统提示输入密码错误，阻止用户登录，用户必须重新输入用户名和密码。系统登录界面如图 5-6 所示。

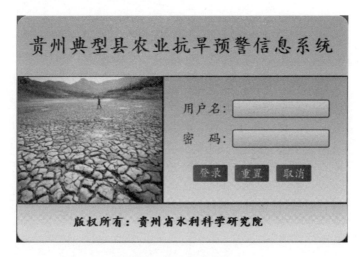

图 5-6　用户登录界面

5.4.2 孕灾环境

孕灾环境包括项目背景、贵州省地形、土地利用、贵州省水系、土壤特征等子模块，系统采用子菜单形式，使用户可方便地访问有关孕灾环境的基本信息。图 5-7 和图 5-8 分别为贵州省地形与贵州省水系的界面，用户可通过菜单方式进行访问。

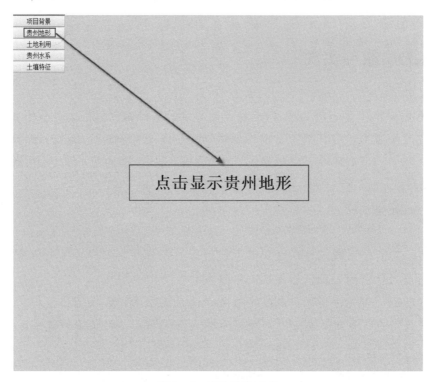

图 5-7　系统地形界面

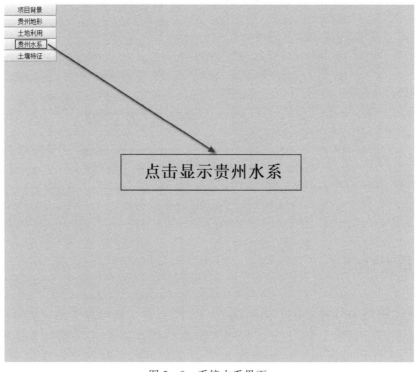

图 5-8　系统水系界面

5.4.3 旱情旱灾预测

基于未来的气象数据，根据田间持水量进行灌溉实时预报，根据旱情指数进行旱情预测，根据旱灾损失率进行灾情预测，此过程以预测的起始时间计算未来 5d 的旱情旱灾状况。

步骤 1 "种植比例"界面显示了各乡镇烤烟、油菜、小麦、玉米、水稻五种作物的种植比例，为旱灾损失计算提供依据，如图 5-9 所示。

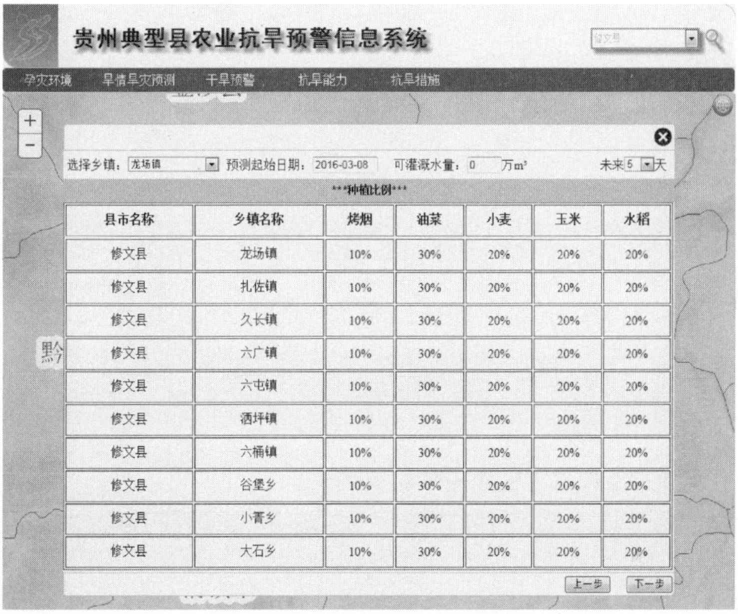

贵州典型县农业抗旱预警信息系统

县市名称	乡镇名称	烤烟	油菜	小麦	玉米	水稻
修文县	龙场镇	10%	30%	20%	20%	20%
修文县	扎佐镇	10%	30%	20%	20%	20%
修文县	久长镇	10%	30%	20%	20%	20%
修文县	六广镇	10%	30%	20%	20%	20%
修文县	六屯镇	10%	30%	20%	20%	20%
修文县	洒坪镇	10%	30%	20%	20%	20%
修文县	六桶镇	10%	30%	20%	20%	20%
修文县	谷堡乡	10%	30%	20%	20%	20%
修文县	小菁乡	10%	30%	20%	20%	20%
修文县	大石乡	10%	30%	20%	20%	20%

图 5-9 步骤 1：种植比例

步骤 2 "ET 计算"界面，系统根据选择的"预测起始时间"，从数据库中读取日最高气温、日最低气温、日平均相对湿度、日照时数、气象站风速等气象数据信息，结合气象站位置纬度、高程等信息，首先计算 ET_0，通过与土壤含水量等参数的迭代计算，获得某种作物如小麦未来 5 天的 ET，如图 5-10 所示。

步骤 3 与 ET 的计算过程中，是与土壤水分参数的迭代计算，因此，在计算 ET 的同时，也得到了土壤水分 θ，如图 5-11 所示。

步骤 4：对于水浇地/旱地而言，采用当日土壤水分 θ 与田间持水率的比值计算得到干旱指数，并给出干旱等级，如图 5-12 所示。对于水田而言，则根据缺水率表达干旱等级。

步骤 5：根据步骤 2 中计算得到的 ET、作物日最大可能耗水量和作物水分敏感指数，根据图 5-13 中公式计算得出旱灾损失率，用于表达单一作物灾损指标。

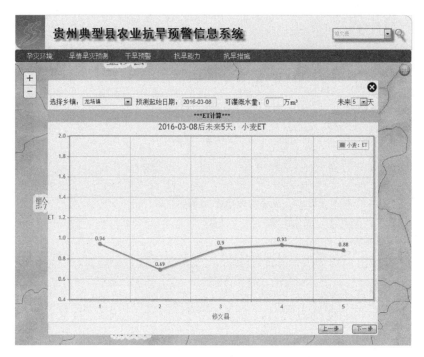

图 5-10　步骤 2：小麦 ET 的计算

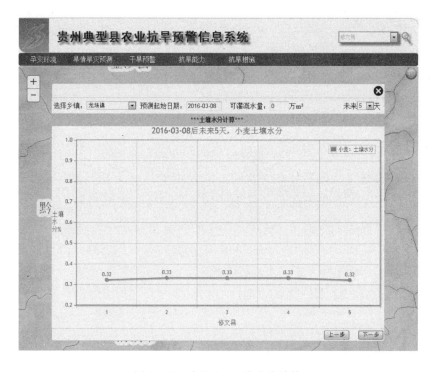

图 5-11　步骤 3：土壤水分计算

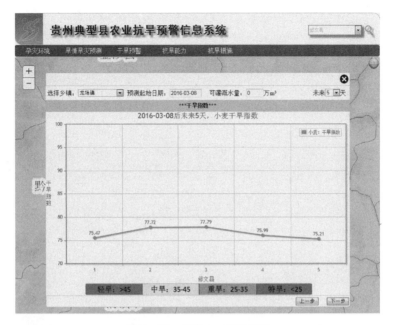

图 5-12 步骤 4：干旱指数

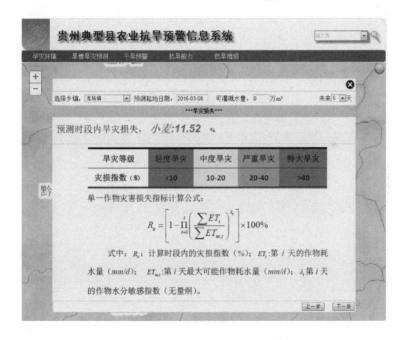

图 5-13 步骤 5：旱灾损失计算

5.4.4 干旱预警

以旬为预警时间尺度，在乡镇空间尺度上进行干旱灾害预警。通过图 5-14 中的"数据同步"按钮，读取数据库区域农业指数、因旱饮水困难人口、水库蓄水距平百分率、上一旬干旱等级、降水量距平百分率六个指标的相关数据，并读取权重数据，进行下一旬干旱等级预测。预警结果如图 5 - 15 所示。如果需要保存预警结果，在关闭"预警结果"界面时，会提示是否保存预警结果数据，如图 5 - 16 所示，若点击"是"，则进入"预警结果存入数据库"界面，同时选择实际的干旱等级，与预警结果一起存入数据库。

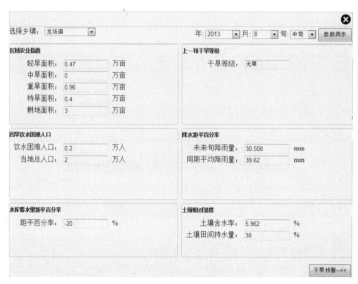

图 5 - 14　数据同步

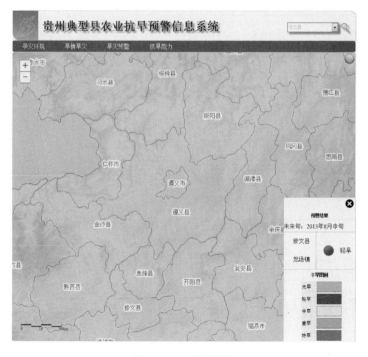

图 5 - 15　预测结果

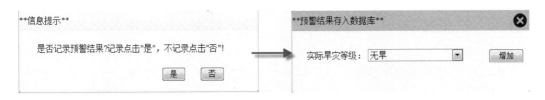

图 5-16　预测结果与实际旱灾等级存入数据库

5.4.5　抗旱投入

抗旱投入包括抗旱资金投入和抗旱物质投入，以修文县抗旱资金投入为例，如图5-17所示，以修文县抗旱物质投入，如图5-18所示。

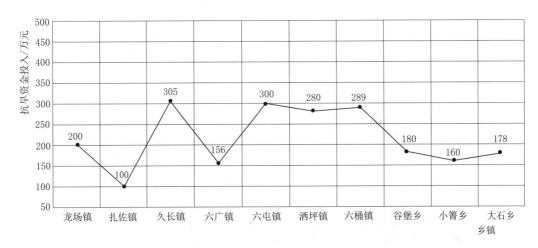

图 5-17　抗旱资金投入

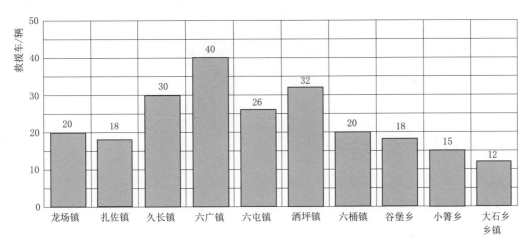

图 5-18　抗旱物质投入

5.4.6　抗旱措施

本项目针对不同的旱情级别，提出相应的抗旱方案，为管理着提供决策支持。如图 5-19 所示。

图 5-19　抗旱措施

5.5　系统后台数据管理

5.5.1　干旱预警数据管理

干旱预警数据的管理如图 5-20 所示，以 Excel 导入的方式实现相关数据的批量增加，在查询得到表中每行数据的基础上，实现每行数据的修改和删除操作。

县城名称	乡镇名称	年	月	旬	权重1	权重2	权重3	权重4	权重5	权重6	数据操作	
修文县	龙场镇	2013	7	上旬	0.1705	0.0842	0.0724	0.2742	0.2742	0.1245	修改	删除
修文县	龙场镇	2013	7	中旬	0.1705	0.0842	0.0724	0.2742	0.2742	0.1245	修改	删除
修文县	龙场镇	2013	7	下旬	0.1705	0.0842	0.0724	0.2742	0.2742	0.1245	修改	删除
修文县	扎佐镇	2013	7	上旬	0.1705	0.0842	0.0724	0.2742	0.2742	0.1245	修改	删除
修文县	扎佐镇	2013	7	中旬	0.1705	0.0842	0.0724	0.2742	0.2742	0.1245	修改	删除
修文县	扎佐镇	2013	7	下旬	0.1705	0.0842	0.0724	0.2742	0.2742	0.1245	修改	删除
修文县	久长镇	2013	7	上旬	0.1705	0.0842	0.0724	0.2742	0.2742	0.1245	修改	删除
修文县	久长镇	2013	7	中旬	0.1705	0.0842	0.0724	0.2742	0.2742	0.1245	修改	删除
修文县	久长镇	2013	7	下旬	0.1705	0.0842	0.0724	0.2742	0.2742	0.1245	修改	删除
修文县	六广镇	2013	7	上旬	0.1705	0.0842	0.0724	0.2742	0.2742	0.1245	修改	删除
修文县	六广镇	2013	7	中旬	0.1705	0.0842	0.0724	0.2742	0.2742	0.1245	修改	删除
修文县	六广镇	2013	7	下旬	0.1705	0.0842	0.0724	0.2742	0.2742	0.1245	修改	删除
修文县	六屯镇	2013	7	上旬	0.1705	0.0842	0.0724	0.2742	0.2742	0.1245	修改	删除
修文县	六屯镇	2013	7	中旬	0.1705	0.0842	0.0724	0.2742	0.2742	0.1245	修改	删除
修文县	六屯镇	2013	7	下旬	0.1705	0.0842	0.0724	0.2742	0.2742	0.1245	修改	删除
修文县	洒坪镇	2013	7	上旬	0.1705	0.0842	0.0724	0.2742	0.2742	0.1245	修改	删除
修文县	洒坪镇	2013	7	中旬	0.1705	0.0842	0.0724	0.2742	0.2742	0.1245	修改	删除
修文县	洒坪镇	2013	7	下旬	0.1705	0.0842	0.0724	0.2742	0.2742	0.1245	修改	删除
修文县	六桶镇	2013	7	上旬	0.1705	0.0842	0.0724	0.2742	0.2742	0.1245	修改	删除
修文县	六桶镇	2013	7	中旬	0.1705	0.0842	0.0724	0.2742	0.2742	0.1245	修改	删除
修文县	六桶镇	2013	7	下旬	0.1705	0.0842	0.0724	0.2742	0.2742	0.1245	修改	删除
修文县	谷堡乡	2013	7	上旬	0.1705	0.0842	0.0724	0.2742	0.2742	0.1245	修改	删除
修文县	谷堡乡	2013	7	中旬	0.1705	0.0842	0.0724	0.2742	0.2742	0.1245	修改	删除
修文县	谷堡乡	2013	7	下旬	0.1705	0.0842	0.0724	0.2742	0.2742	0.1245	修改	删除
修文县	小箐乡	2013	7	上旬	0.2	0.2	0.2	0.1	0.1	0.2	修改	删除
修文县	小箐乡	2013	7	中旬	0.1705	0.0842	0.0724	0.2742	0.2742	0.1245	修改	删除
修文县	小箐乡	2013	7	下旬	0.1705	0.0842	0.0724	0.2742	0.2742	0.1245	修改	删除
修文县	大石乡	2013	7	上旬	0.1705	0.0842	0.0724	0.2742	0.2742	0.1245	修改	删除

图 5-20 干旱预警数据的管理

5.5.2 旱情旱灾预测数据管理

旱情旱灾预测数据管理界面如图 5-21 所示，以 Excel 导入的方式实现相关数据的批量增加，在查询得到表中每行数据的基础上实现每行数据的修改和删除操作。

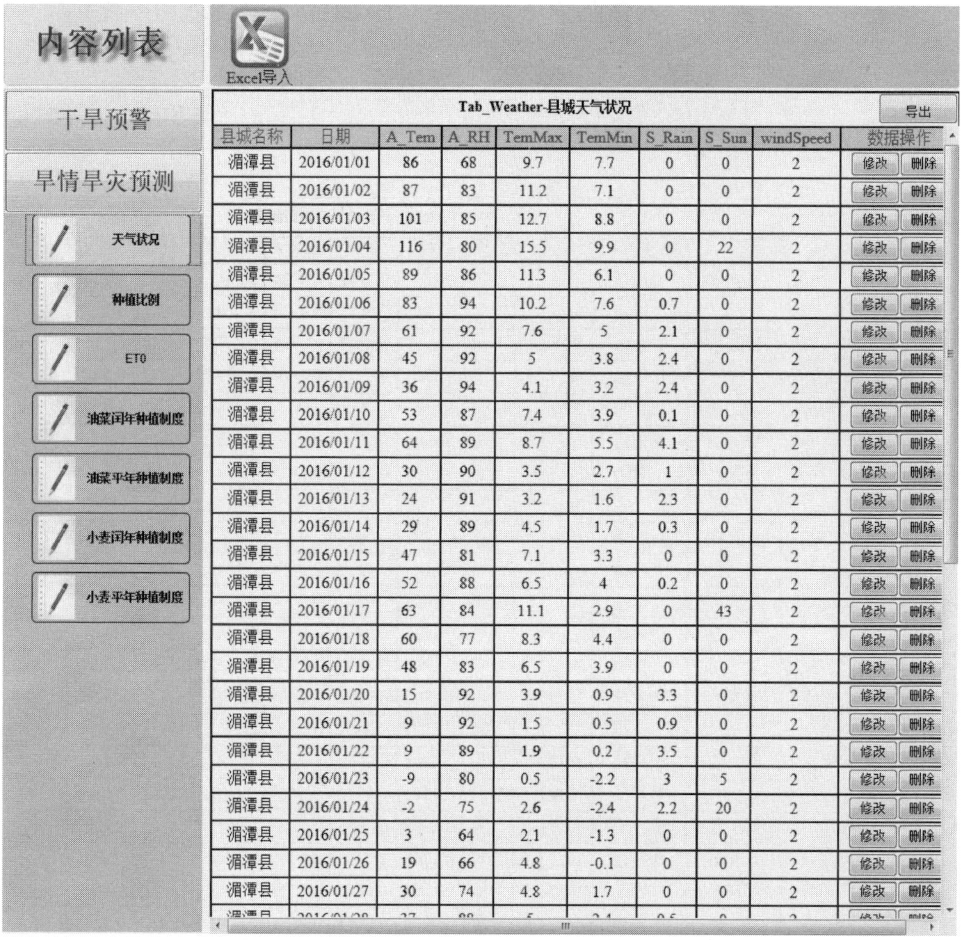

县城名称	日期	A_Tem	A_RH	TemMax	TemMin	S_Rain	S_Sun	windSpeed	数据操作
湄潭县	2016/01/01	86	68	9.7	7.7	0	0	2	修改 删除
湄潭县	2016/01/02	87	83	11.2	7.1	0	0	2	修改 删除
湄潭县	2016/01/03	101	85	12.7	8.8	0	0	2	修改 删除
湄潭县	2016/01/04	116	80	15.5	9.9	0	22	2	修改 删除
湄潭县	2016/01/05	89	86	11.3	6.1	0	0	2	修改 删除
湄潭县	2016/01/06	83	94	10.2	7.6	0.7	0	2	修改 删除
湄潭县	2016/01/07	61	92	7.6	5	2.1	0	2	修改 删除
湄潭县	2016/01/08	45	92	5	3.8	2.4	0	2	修改 删除
湄潭县	2016/01/09	36	94	4.1	3.2	2.4	0	2	修改 删除
湄潭县	2016/01/10	53	87	7.4	3.9	0.1	0	2	修改 删除
湄潭县	2016/01/11	64	89	8.7	5.5	4.1	0	2	修改 删除
湄潭县	2016/01/12	30	90	3.5	2.7	1	0	2	修改 删除
湄潭县	2016/01/13	24	91	3.2	1.6	2.3	0	2	修改 删除
湄潭县	2016/01/14	29	89	4.5	1.7	0.3	0	2	修改 删除
湄潭县	2016/01/15	47	81	7.1	3.3	0	0	2	修改 删除
湄潭县	2016/01/16	52	88	6.5	4	0.2	0	2	修改 删除
湄潭县	2016/01/17	63	84	11.1	2.9	0	43	2	修改 删除
湄潭县	2016/01/18	60	77	8.3	4.4	0	0	2	修改 删除
湄潭县	2016/01/19	48	83	6.5	3.9	0	0	2	修改 删除
湄潭县	2016/01/20	15	92	3.9	0.9	3.3	0	2	修改 删除
湄潭县	2016/01/21	9	92	1.5	0.5	0.9	0	2	修改 删除
湄潭县	2016/01/22	9	89	1.9	0.2	3.5	0	2	修改 删除
湄潭县	2016/01/23	-9	80	0.5	-2.2	3	5	2	修改 删除
湄潭县	2016/01/24	-2	75	2.6	-2.4	2.2	20	2	修改 删除
湄潭县	2016/01/25	3	64	2.1	-1.3	0	0	2	修改 删除
湄潭县	2016/01/26	19	66	4.8	-0.1	0	0	2	修改 删除
湄潭县	2016/01/27	30	74	4.8	1.7	0	0	2	修改 删除

图 5-21 旱情旱灾预测数据管理界面

5.6 小结

本系统采用 Web GIS 开发模式，运用 ArcGIS Server 软件进行地图服务的发布，以 SQL Server 2012 作为后台数据库管理系统，采用 HTML 和 JavaScript 技术引用地图服务和 WCF 数据服务，实现前台用户界面开发、前台数据与后台数据之间的交互以及数据展现。该 Web GIS 系统通过对贵州典型县（修文县、湄潭县、兴仁县）旱灾数据的管理与分析，能够完成旱灾基础数据的载入、乡镇尺度的旱情旱灾预测和乡镇尺度的干旱预警等多个功能，并能够将结果以图形、图表的形式进行表达，系统主要功能主要体现在以下两个方面：

1. 旱情旱灾预测

基于未来 5～10d 的气象数据，根据田间持水量进行灌溉实时预报，根据旱情指数进行旱情预测，根据旱灾损失率进行旱灾预测。

2. 干旱预警

以旬为预警时间尺度，在乡镇空间尺度上进行干旱预警。通过区域农业指数、因旱饮水困难人口、水库蓄水距平百分率、上一旬干旱等级、降水量距平百分率等 6 个指标的相关数据，进行下一旬干旱预警，并将预警结果存入数据库。

第6章

系统操作

6.1　系统概述

在研究贵州省干旱特点和规律的基础上，以典型县（修文县、湄潭县、兴仁县）未来天气情况、土壤墒情基本数据、区域可调水量为基础判据，实现典型县乡镇单元灌溉实时预报、旱情预报、旱灾预报。达到某一阈值，则预警，给出相应对策，为县区行政领导提供及时、有效的旱情旱灾数据及抗旱布置工作提供支持。

本系统基于 SQL Server 2012 构建农业抗旱预警基础判据数据库，采用 B/S 架构，构建农业抗旱预警 WebGIS 系统，实现旱情旱灾空间信息和属性信息的综合展示。最终形成系统登录、孕灾环境、旱情旱灾预测、干旱预警、抗旱能力、抗旱措施等六大功能模块，并开发完成网站后台数据管理系统一套。

系统部署时，需在服务器端安装 ArcGIS Server 10.4，配置服务器端的地图发布环境，进行地图服务的发布，安装 SQL Server 2012，用于数据库的管理。系统编译环境包含以下内容：

（1）安装（IIS）Internet Information Services 6.0。

（2）安装 ArcGIS Server 10.4。

（3）配置 ArcGIS API for JavaScript 3.9。

（4）安装 MicrosoftVisual Studio 2017。

（5）安装 SQL Server 2012。

系统运行环境：Windows 7 以上版本操作系统，100G 以上硬盘，4G 以上内存，15.6 英寸以上显示屏。

6.2　系统登录

用户登录本系统需获得登录口令，系统用户分为两类：管理员用户、一般用户。一般用户不具有数据管理的权限。系统登录界面如图 6-1 所示。

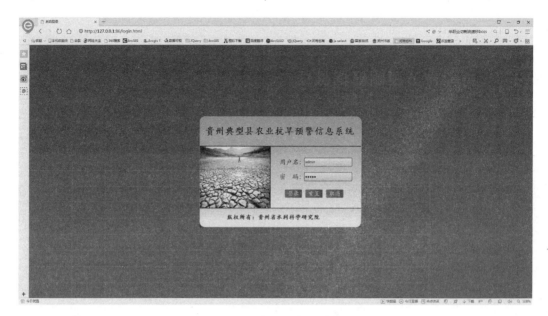

图 6-1 "系统登录"界面

6.3 系统主界面

系统主界面以贵州省县界图为基础底图。

6.4 系统主要功能

系统主菜单包括：孕灾环境、旱情旱灾预测、干旱预警、抗旱能力、抗旱措施 5 个部分。如"系统主菜单"界面如图 6-2 所示。

图 6-2 "系统主菜单"界面

6.4.1 孕灾环境

"孕灾环境"子菜单包含项目背景、贵州地形、土地利用、贵州水系和土壤特征 5

个子菜单。如图 6 - 3 所示。

图 6 - 3　"孕灾环境"
子菜单

1. 项目背景

点击"项目背景"子菜单，显示项目背景介绍，如图 6 - 4 所示。

2. 贵州地形

点击"贵州地形"子菜单，显示贵州省地形图。

3. 土地利用

点击"土地利用"子菜单，显示贵州土地利用图。

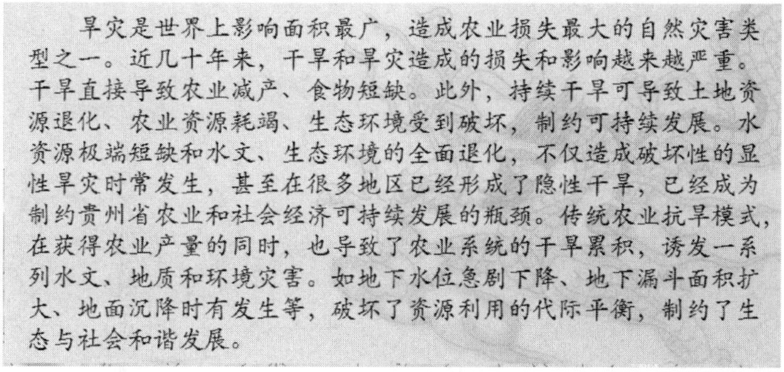

> 旱灾是世界上影响面积最广，造成农业损失最大的自然灾害类型之一。近几十年来，干旱和旱灾造成的损失和影响越来越严重。干旱直接导致农业减产、食物短缺。此外，持续干旱可导致土地资源退化、农业资源耗竭、生态环境受到破坏，制约可持续发展。水资源极端短缺和水文、生态环境的全面退化，不仅造成破坏性的显性旱灾时常发生，甚至在很多地区已经形成了隐性干旱，已经成为制约贵州省农业和社会经济可持续发展的瓶颈。传统农业抗旱模式，在获得农业产量的同时，也导致了农业系统的干旱累积，诱发一系列水文、地质和环境灾害。如地下水位急剧下降、地下漏斗面积扩大、地面沉降时有发生等，破坏了资源利用的代际平衡，制约了生态与社会和谐发展。

图 6 - 4　项目背景

4. 贵州水系

点击"贵州水系"子菜单，显示贵州水系图。

图6-5　"旱情旱灾预测"
子菜单

5. 土壤特征

点击"土壤特征"子菜单，显示贵州土壤特征图。

6.4.2　旱情旱灾预测

"旱情旱灾预测"子菜单包括：小麦、玉米、油菜、烤烟、水稻 5 种农作物的旱情旱灾预测过程，如图 6 - 5 所示。

进行农作物旱情旱灾预测之前需在主界面右上角组合框中选择典型县，该典型县会以高亮形式显示在界面地图区的中心区域。

1. 小麦旱情旱灾预测

小麦属于旱作物，其旱情旱灾预测过程通过 2015 年 10 月 15—20 日小麦种植比例、小麦 ET 计算、小麦土壤水分计算、小麦干旱指数计算、预测时段（2016 年 10 月 15—20 日）小麦旱灾损失计算 5 个步骤完成，如图 6-6～图 6-10 所示。

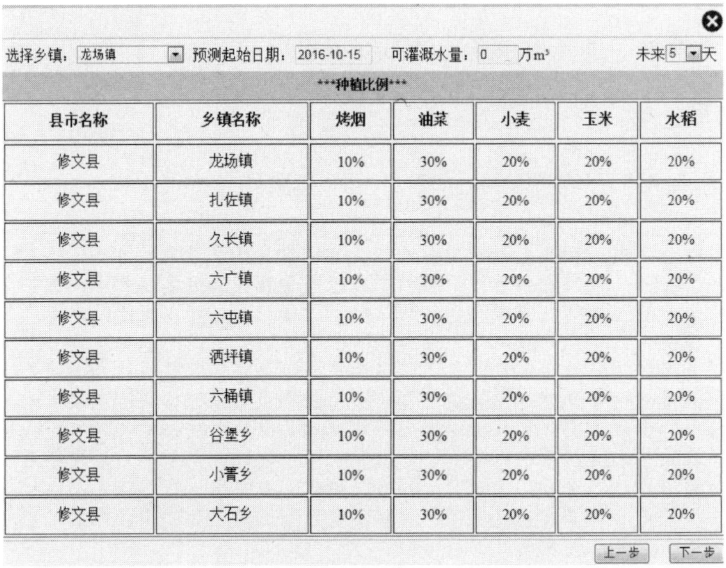

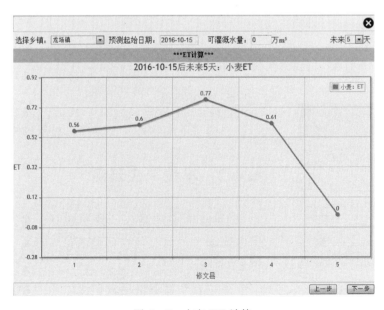

图 6-6　2015 年 10 月 15—20 日小麦种植比例

图 6-7　小麦 ET 计算

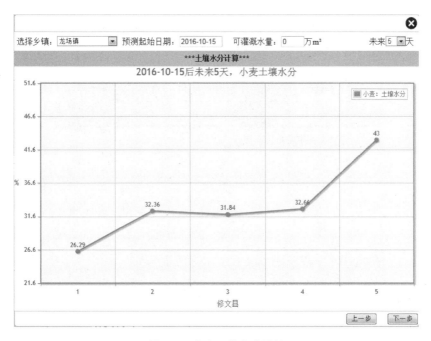

图6-8 小麦土壤水分计算

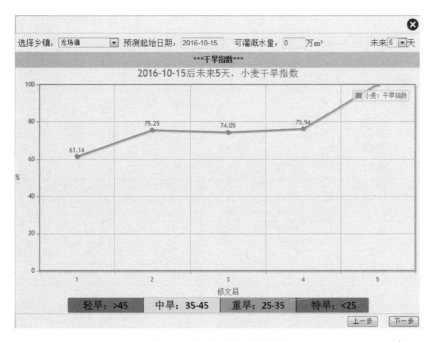

图6-9 小麦干旱指数计算

选择乡镇：龙场镇　预测起始日期：2016-10-15　可灌溉水量：0 万m³　未来 5 天
旱灾损失
预测时段内旱灾损失，小麦:7.96 %
上一步　下一步

旱灾等级	轻度旱灾	中度旱灾	严重旱灾	特大旱灾
灾损指数（%）	<10	10-20	20-40	>40

单一作物灾害损失指标计算公式：

$$R_e=\left[1-\prod_{i=1}^{s}\left(\frac{\sum ET_i}{\sum ET_{m,i}}\right)^{\lambda_i}\right]\times 100\%$$

式中：R_e：计算时段内的灾损指数（%）；ET_i:第 i 天的作物耗水量（mm/d）；$ET_{m,i}$:第 i 天最大可能作物耗水量（mm/d）；λ_i第 i 天的作物水分敏感指数（无量纲）。

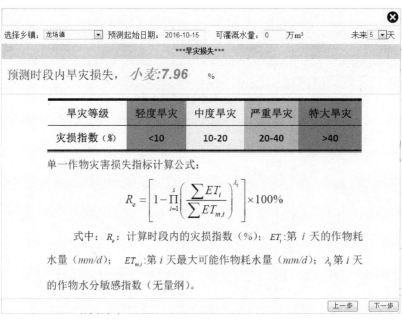

图6-10　预测时段内(2016 年 10 月 15—20 日）小麦旱灾损失计算

2. 玉米旱情旱灾预测

玉米属于旱作物，其旱情旱灾预测过程通过 2016 年 5 月 31 日—6 月 4 日玉米种植比例、玉米 ET 计算、玉米土壤水分计算、玉米干旱指数计算、预测时段内（2016 年 5 月 31 日—6 月 4 日）玉米旱灾损失计算 5 个步骤完成，如图 6 - 11～图 6 - 15 所示。

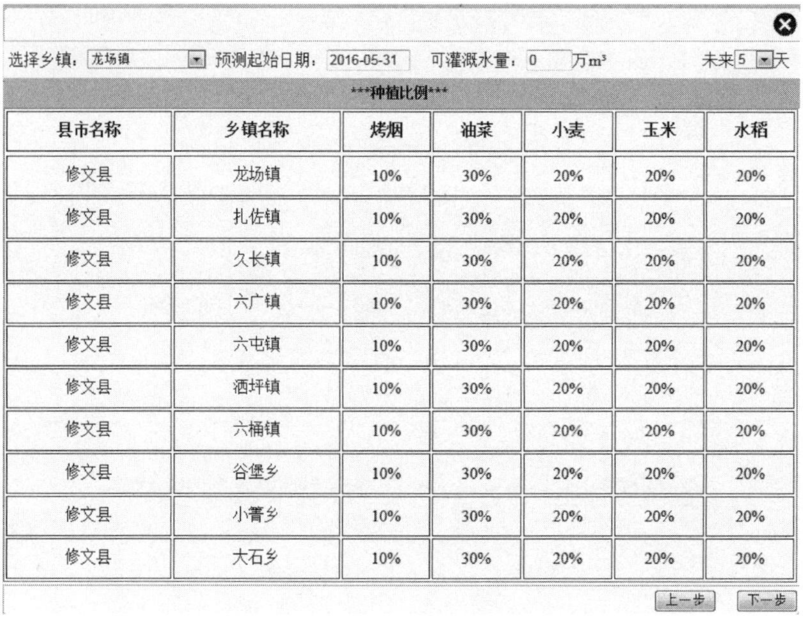

选择乡镇：龙场镇　预测起始日期：2016-05-31　可灌溉水量：0 万m³　未来 5 天
种植比例
上一步　下一步

县市名称	乡镇名称	烤烟	油菜	小麦	玉米	水稻
修文县	龙场镇	10%	30%	20%	20%	20%
修文县	扎佐镇	10%	30%	20%	20%	20%
修文县	久长镇	10%	30%	20%	20%	20%
修文县	六广镇	10%	30%	20%	20%	20%
修文县	六屯镇	10%	30%	20%	20%	20%
修文县	洒坪镇	10%	30%	20%	20%	20%
修文县	六桶镇	10%	30%	20%	20%	20%
修文县	谷堡乡	10%	30%	20%	20%	20%
修文县	小箐乡	10%	30%	20%	20%	20%
修文县	大石乡	10%	30%	20%	20%	20%

图 6 - 11　2016 年 5 月 31 日—6 月 4 日玉米种植比例

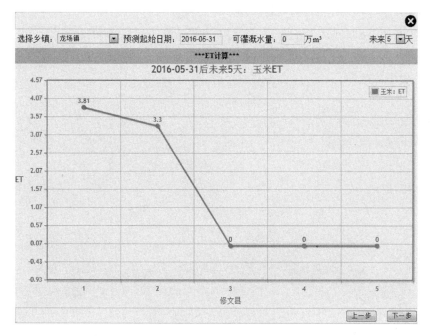

图 6-12　玉米 ET 计算

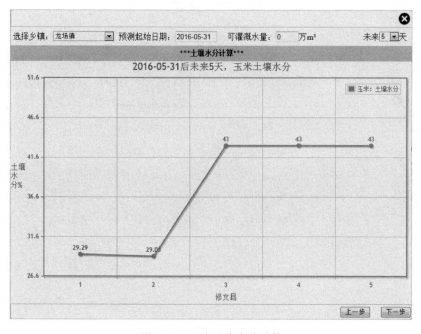

图6-13　玉米土壤水分计算

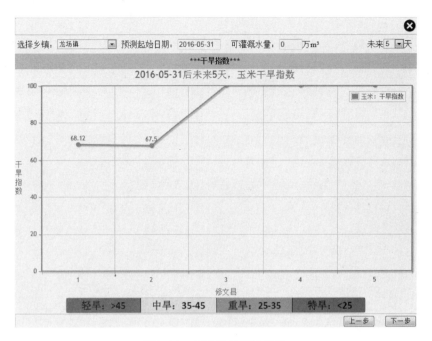

图6-14 玉米干旱指数计算

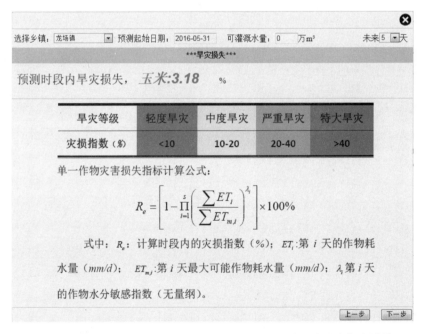

图6-15 预测时段(2016年5月31日—6月4日)内玉米旱灾损失计算

3. 油菜旱情旱灾预测

油菜属于旱作物,其旱情旱灾预测过程通过 2016 年 9 月 24—29 日油菜种植比例、油菜 ET 计算、油菜土壤水分计算、油菜干旱指数计算、预测时段内（2016 年 9 月 24—29 日）油菜旱灾损失计算 5 个步骤完成，如图 6-16～图 6-20 所示。

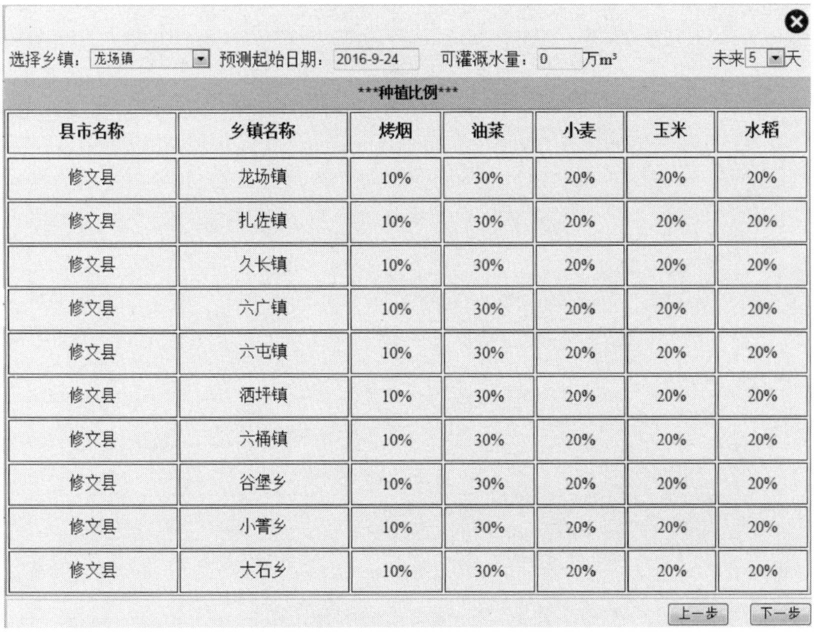

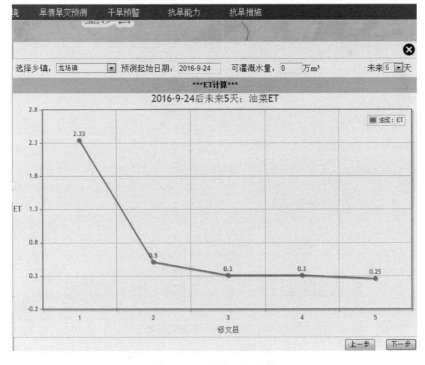

图 6-16　2016 年 9 月 24—29 日油菜种植比例

图 6-17　油菜 ET 计算

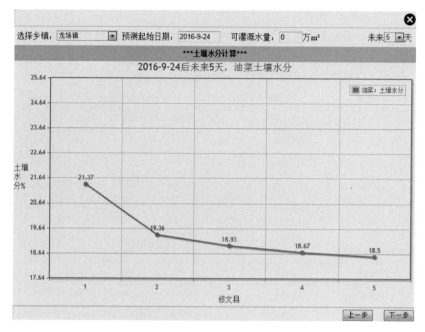

图6-18　油菜土壤水分计算

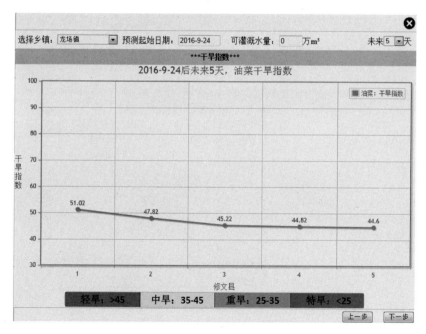

图6-19　油菜干旱指数计算

选择乡镇：龙场镇 预测起始日期：2016-9-24 可灌溉水量：0 万m³ 未来5天

旱灾损失

预测时段内旱灾损失，油菜:4.64 %

旱灾等级	轻度旱灾	中度旱灾	严重旱灾	特大旱灾
灾损指数（%）	<10	10-20	20-40	>40

单一作物灾害损失指标计算公式：

$$R_e=\left[1-\prod_{i=1}^{s}\left(\frac{\sum ET_i}{\sum ET_{m,i}}\right)^{\lambda_i}\right]\times 100\%$$

式中：R_e：计算时段内的灾损指数（%）；ET_i:第 i 天的作物耗水量（mm/d）；$ET_{m,i}$:第 i 天最大可能作物耗水量（mm/d）；λ_i第 i 天的作物水分敏感指数（无量纲）。

上一步 下一步

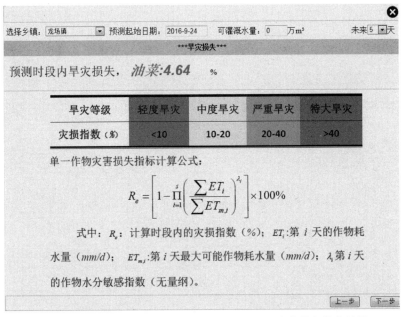

图6-20 预测时段内(2016 年 9 月 24—29 日）油菜旱灾损失计算

4. 烤烟旱情旱灾预测

烤烟属于旱作物，其旱情旱灾预测过程通过 2016 年 5 月 20—25 日烤烟种植比例、烤烟 ET 计算、烤烟土壤水分计算、烤烟干旱指数计算、预测时段内（2016 年 5 月 20—25 日）烤烟旱灾损失计算 5 个步骤完成，如图 6－21～图 6－25 所示。

选择乡镇：龙场镇 预测起始日期：2016-5-20 可灌溉水量：0 万m³ 未来5天

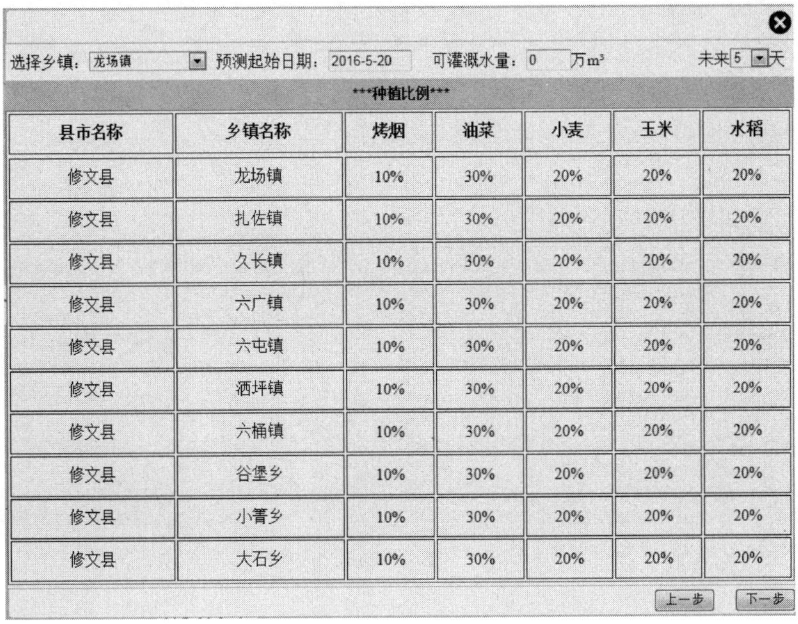

种植比例

县市名称	乡镇名称	烤烟	油菜	小麦	玉米	水稻
修文县	龙场镇	10%	30%	20%	20%	20%
修文县	扎佐镇	10%	30%	20%	20%	20%
修文县	久长镇	10%	30%	20%	20%	20%
修文县	六广镇	10%	30%	20%	20%	20%
修文县	六屯镇	10%	30%	20%	20%	20%
修文县	洒坪镇	10%	30%	20%	20%	20%
修文县	六桶镇	10%	30%	20%	20%	20%
修文县	谷堡乡	10%	30%	20%	20%	20%
修文县	小箐乡	10%	30%	20%	20%	20%
修文县	大石乡	10%	30%	20%	20%	20%

上一步 下一步

图 6－21 2016 年 5 月 20—25 日烤烟种植比例

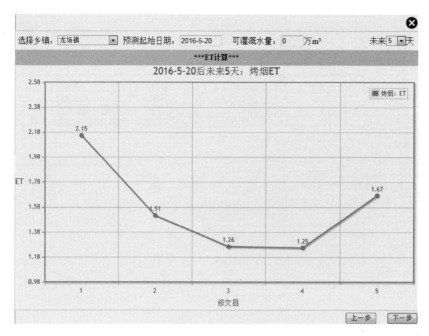

图 6-22　烤烟 *ET* 计算

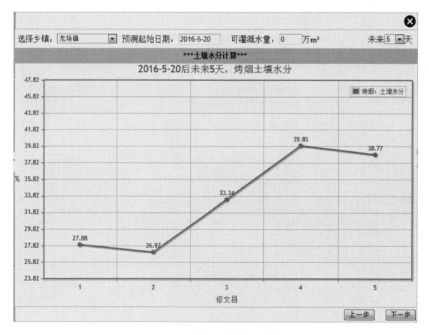

图6-23　烤烟土壤水分计算

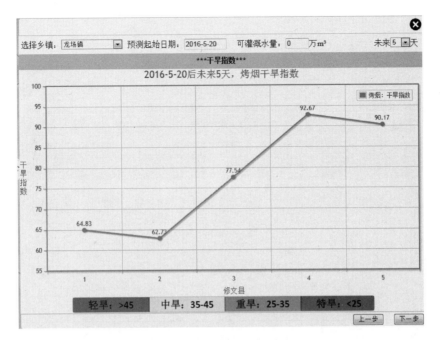

图6-24 烤烟干旱指数计算

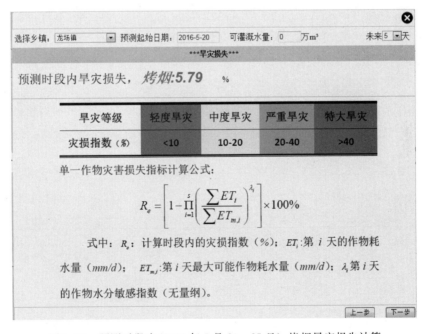

图6-25 预测时段内(2016 年 5 月 20—25 日）烤烟旱灾损失计算

5. 水稻旱情旱灾预测

水稻属于水田作物，其旱情旱灾预测过程通过 2016 年 9 月 20—25 日水稻种植比例、稻田 ET 计算、稻田水深计算、水稻干旱指数计算、预测时段内（2016 年 9 月 20—25 日）水稻旱灾损失计算 5 个步骤完成，如图 6-26～图 6-30 所示。

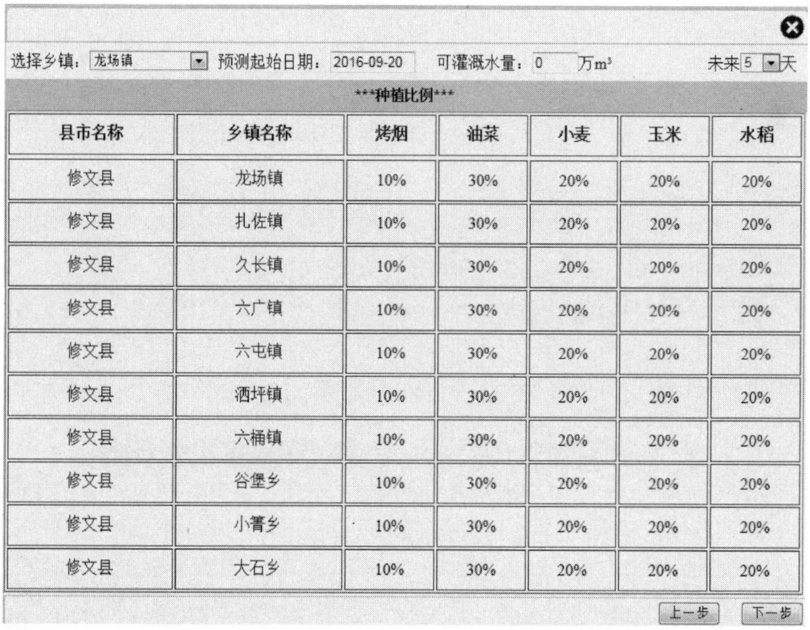

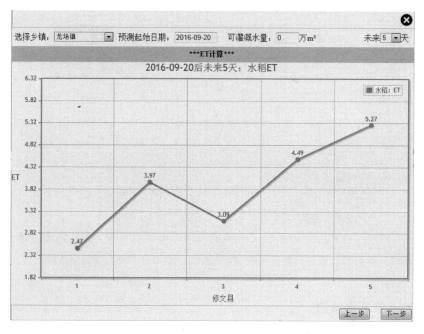

图 6-26 2016 年 9 月 20—25 日水稻种植比例

图 6-27 水稻 ET 计算

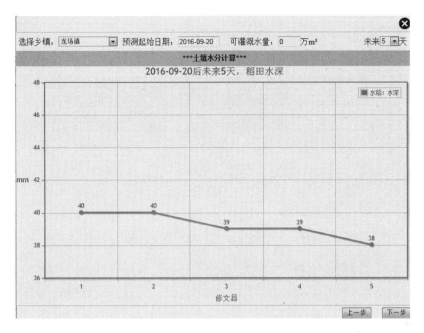

图6-28 稻田水深计算

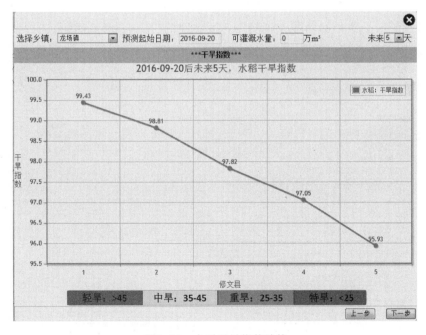

图6-29 水稻干旱指数计算

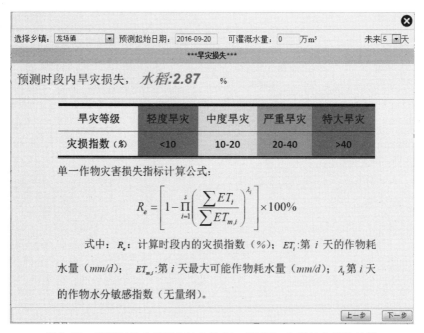

图6-30　预测时段内(2016 年 9 月 20—25 日）水稻旱灾损失计算

6.4.3　干旱预警

　　"干旱预警"子菜单的功能是通过 6 项指标对未来旬的干旱情况进行预警，预警结果与实际干旱等级存入数据库，如图 6-31～图 6-34 所示。

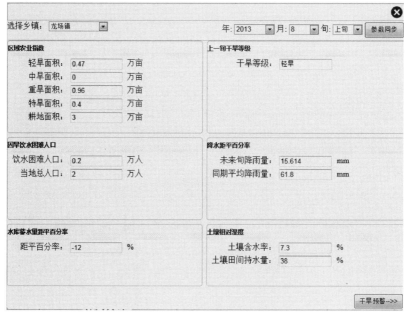

图 6-31　6项预测指标数据同步

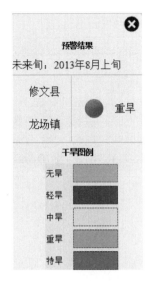

图 6-32　预警结果展示

图 6-33　预警结果存入数据库

图 6-34　实际干旱等级存入数据库

6.4.4　抗旱能力

　　"抗旱能力"子菜单包含抗旱资金和抗旱物资,本书以修文县为例,各界面展示如图 6-35、图 6-36 所示。

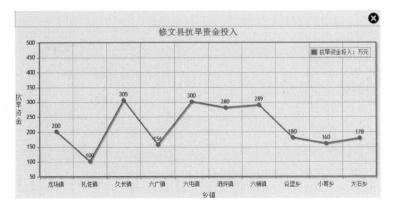

图 6-35　修文县抗旱资金投入

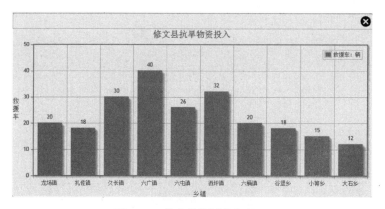

图6-36　修文县抗旱物资投入

6.4.5　抗旱措施

"抗旱措施"菜单，列出不同干旱等级下建议采取的抗旱措施，如图 6-37 所示。

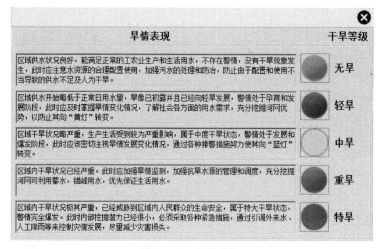

图 6-37　抗旱措施

6.5　后台数据管理系统

6.5.1　后台登录

网站管理用户登录后台数据管理系统，维护网站数据，登录界面如图 6-38 所示。数据库中数据的增加、删除、修改和导出如图 6-39 所示。

图 6-38 后台数据管理系统登录界面

图 6-39 数据库中数据的增加、修改、删除和导出

6.5.2 干旱预警数据管理

1. 指标权重表的管理

指标权重表管理界面如图 6-40 所示。点击"修改"按钮，实现单条记录的修改，如图 6-41 所示。

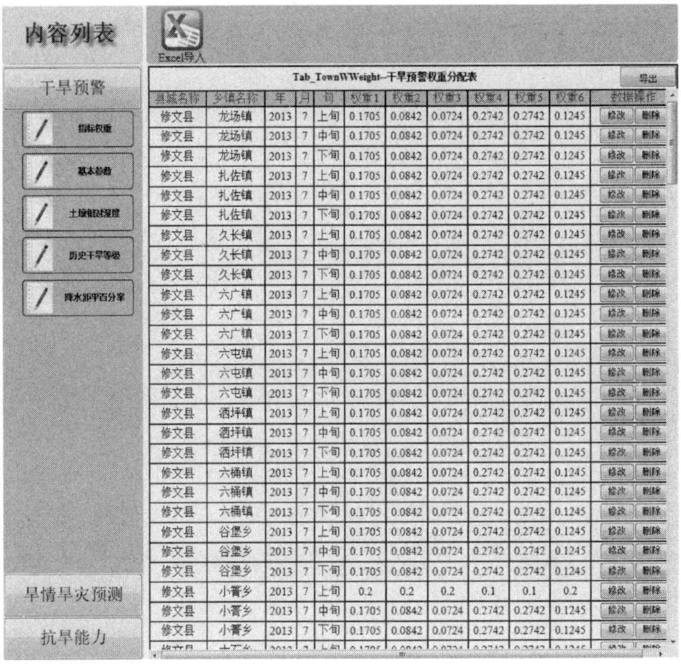

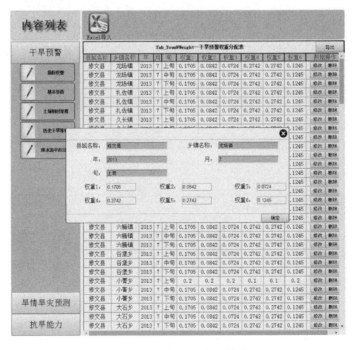

图 6-40　指标权重表的管理

图7-41　指标权重表的修改

　　点击"Excel 导入"按钮，选择 Excel 文件，选择要填加的目标表格，完成数据的批量添加，如图 6-42 所示。

图 6-42　指标权重表的批量添加

点击"删除"按钮，实现单条记录的删除。

2. 基本参数的管理

基本参数的管理如图 6-43 所示。

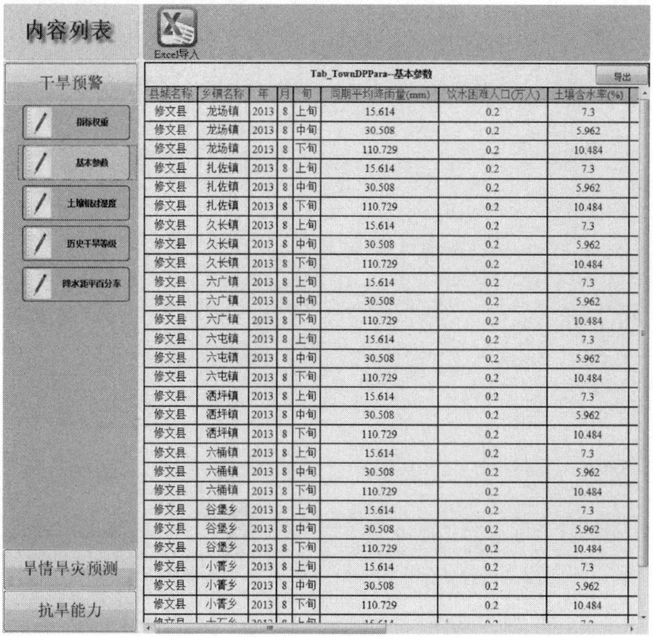

图 6-43　基本参数的管理

点击"修改"按钮，实现单条记录的修改，如图 6-44 所示。

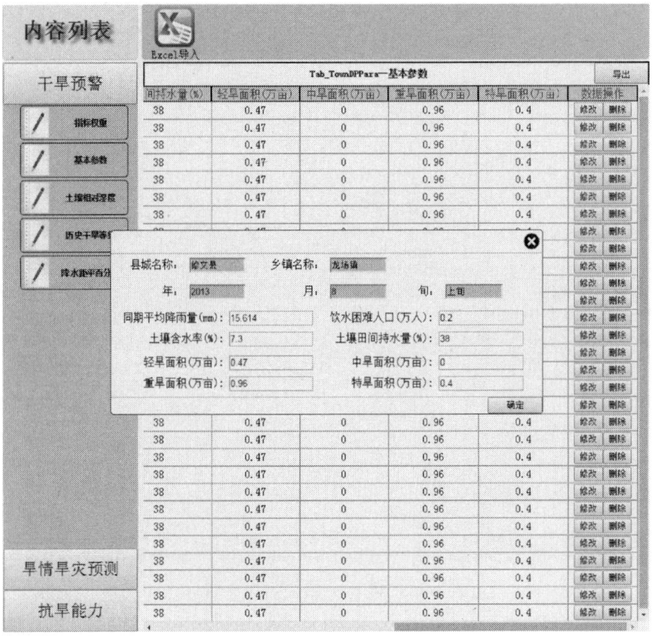

图 6-44　基本参数的修改

点击"Excel 导入"按钮，选择 Excel 文件，选择要添加的目标表格，完成数据的批量添加，如图 6-45 所示。

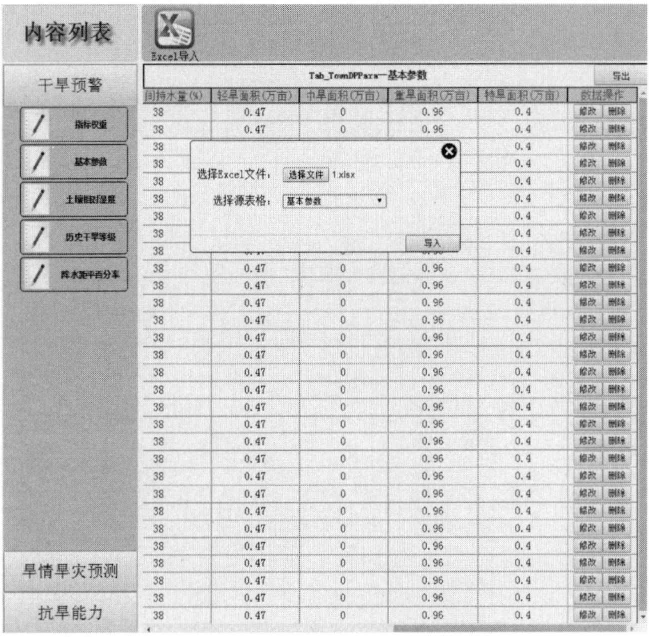

图 6-45　基本参数的添加

点击"删除"按钮，实现单条记录的删除。

3. 土壤相对湿度数据的管理

土壤相对湿度数据的管理如图 6 - 46 所示。

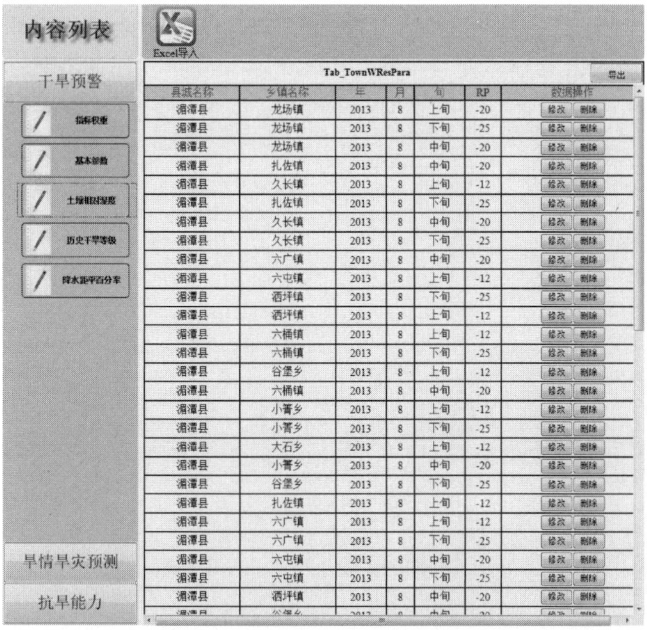

图 6 - 46　土壤相对湿度数据的管理

点击"修改"按钮，实现单条记录的修改，如图 6 - 47 所示。

图 6 - 47　土壤相对湿度数据的修改

点击"Excel 导入"按钮，选择 Excel 文件，选择要添加的目标表格，完成数据的批量添加，如图 6-48 所示。

图 6-48 土壤相对湿度数据的添加

点击"删除"按钮，实现单条记录的删除。

4. 历史干旱等级的管理

历史干旱等级的管理如图 6-49 所示。

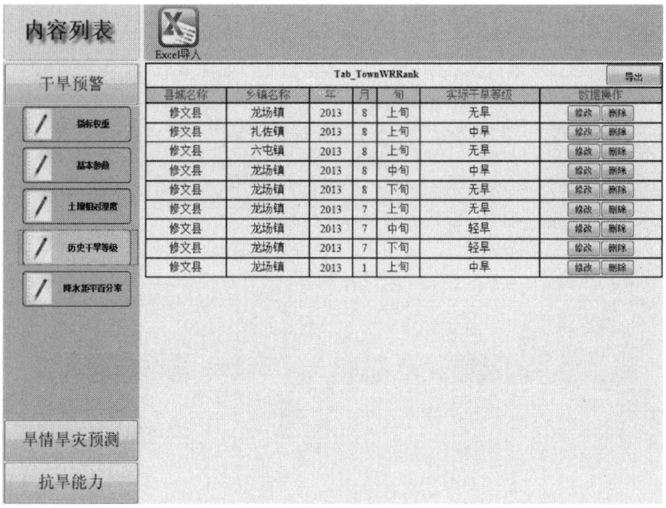

图 6-49 历史干旱等级的管理

点击"修改"按钮，实现单条记录的修改，如图6-50所示。

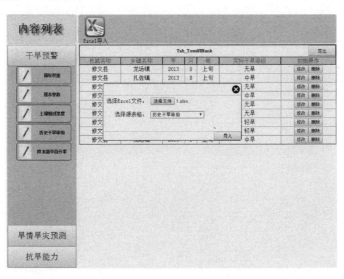

图6-50 历史干旱等级的修改

点击"Excel导入"按钮，选择Excel文件，选择要添加的目标表格，完成数据的批量添加，如图-51所示。

图6-51 历史干旱等级添加

点击"删除"按钮，实现单条记录的删除。

5. 降水距平百分率数据的管理

降水距平百分率数据的管理如图6-52所示。

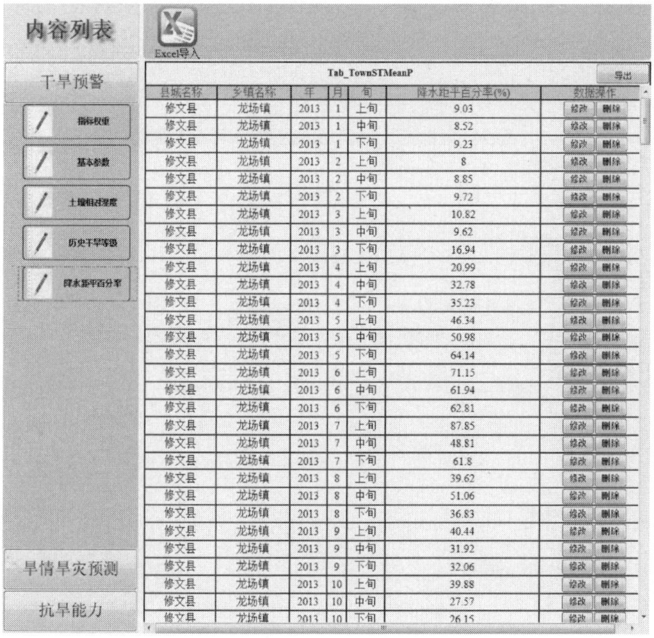

图 6-52　降水距平百分率数据的管理

点击"修改"按钮，实现单条记录的修改，如图 6-53 所示。

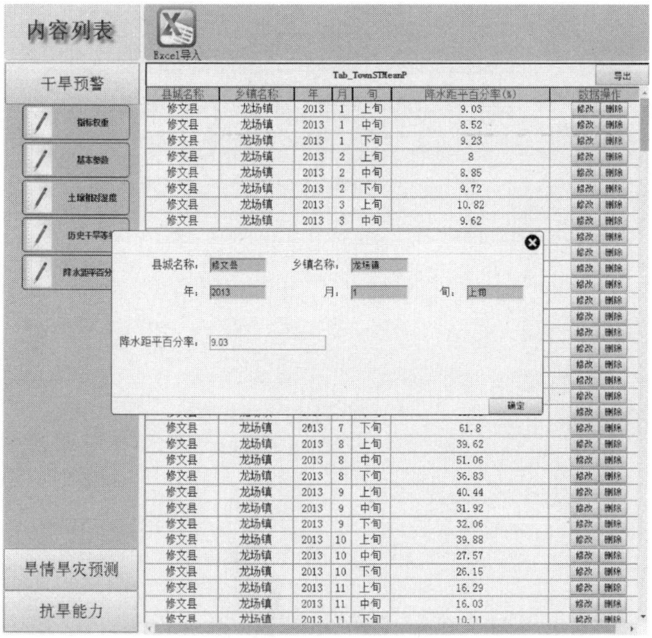

图 6-53　降水距平百分率数据的修改

点击"Excel 导入"按钮，选择 Excel 文件，选择要添加的目标表格，完成数据的批量添加，如图 6-54 所示。

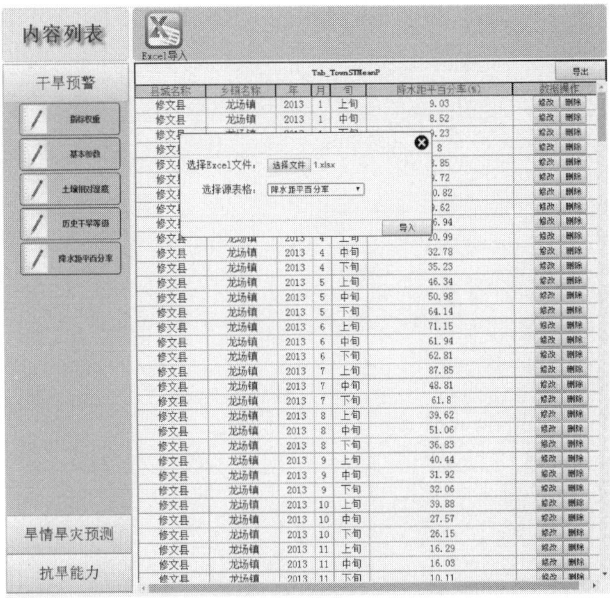

图 6-54　降水距平百分率数据的添加

点击"删除"按钮，实现单条记录的删除。

6.5.3　旱情旱灾预测数据管理

1. 县市基本数据的管理

县市基本数据的管理如图 6-55 所示。

图 6-55　县市基本数据的管理

点击"修改"按钮，实现单条记录的修改，如图 6－56 所示。

图 6－56　县市基本数据的修改

点击"Excel 导入"按钮，选择 Excel 文件，选择要添加的目标表格，完成数据的批量添加，如图 6－57 所示。

图 6－57　县市基本数据的增加

点击"删除"按钮，实现单条记录的删除。

2. 天气状况数据的管理

天气状况数据的管理如图 6-58 所示。

内容列表

干旱预警

旱情旱灾预测

- 县市基本数据
- 天气状况
- 作物种植比例
- 小麦间阶种植制度
- 小麦平年种植制度
- 玉米种植制度
- 油菜间阶种植制度
- 油菜平年种植制度
- 荞麦种植制度
- 水稻种植制度

抗旱能力

Excel导入

Tab_Weather-县城天气状况 导出

县城名称	日期	A_Tem	A_RH	TemMax	TemMin	S_Rain	S_Sun	windSpeed	数据操作
湄潭县	2016/01/01	8.6	68	1.0	0.8	0.0	0.0	2	修改 删除
湄潭县	2016/01/02	8.7	83	1.1	0.7	0.0	0.0	2	修改 删除
湄潭县	2016/01/03	10.1	85	1.3	0.9	0.0	0.0	2	修改 删除
湄潭县	2016/01/04	11.6	80	1.6	1.0	0.0	2.2	2	修改 删除
湄潭县	2016/01/05	8.9	86	1.1	0.6	0.0	0.0	2	修改 删除
湄潭县	2016/01/06	8.3	94	1.0	0.8	0.1	0.0	2	修改 删除
湄潭县	2016/01/07	6.1	92	0.8	0.5	0.2	0.0	2	修改 删除
湄潭县	2016/01/08	4.5	92	0.5	0.4	0.2	0.0	2	修改 删除
湄潭县	2016/01/09	3.6	94	0.4	0.3	0.2	0.0	2	修改 删除
湄潭县	2016/01/10	5.3	87	0.7	0.4	0.0	0.0	2	修改 删除
湄潭县	2016/01/11	6.4	89	0.9	0.6	0.4	0.0	2	修改 删除
湄潭县	2016/01/12	3.0	90	0.4	0.3	0.1	0.0	2	修改 删除
湄潭县	2016/01/13	2.4	91	0.3	0.2	0.0	0.0	2	修改 删除
湄潭县	2016/01/14	2.9	89	0.5	0.2	0.0	0.0	2	修改 删除
湄潭县	2016/01/15	4.7	81	0.7	0.3	0.0	0.0	2	修改 删除
湄潭县	2016/01/16	5.2	88	0.7	0.4	0.0	0.0	2	修改 删除
湄潭县	2016/01/17	6.3	84	1.1	0.3	0.0	4.3	2	修改 删除
湄潭县	2016/01/18	6.0	77	0.8	0.4	0.0	0.0	2	修改 删除
湄潭县	2016/01/19	4.8	83	0.7	0.4	0.0	0.0	2	修改 删除
湄潭县	2016/01/20	1.5	92	0.4	0.1	0.3	0.0	2	修改 删除
湄潭县	2016/01/21	0.9	92	0.2	0.1	0.1	0.0	2	修改 删除
湄潭县	2016/01/22	0.9	89	0.2	0.0	0.4	0.0	2	修改 删除
湄潭县	2016/01/23	-0.9	80	0.1	-0.2	0.3	0.5	2	修改 删除
湄潭县	2016/01/24	-0.2	75	0.3	-0.2	0.2	2.0	2	修改 删除
湄潭县	2016/01/25	0.3	64	0.2	-0.1	0.0	0.0	2	修改 删除
湄潭县	2016/01/26	1.9	66	0.5	-0.0	0.0	0.0	2	修改 删除
湄潭县	2016/01/27	3.0	74	0.5	0.2	0.0	0.0	2	修改 删除
湄潭县	2016/01/28	2.2	89	0.5	0.0	0.0	0.0	2	修改 删除

图 6-58 天气状况数据的管理

点击"修改"按钮，实现单条记录的修改，如图 6-59 所示。

内容列表

干旱预警

旱情旱灾预测

- 县市基本数据
- 天气状况
- 作物种植比例
- 小麦间阶种植
- 小麦平年种植
- 玉米种植制度
- 油菜间阶种植
- 油菜平年种植制度
- 荞麦种植制度
- 水稻种植制度

抗旱能力

Excel导入

Tab_Weather-县城天气状况 导出

县城名称	日期	A_Tem	A_RH	TemMax	TemMin	S_Rain	S_Sun	windSpeed	数据操作
湄潭县	2016/01/01	86	68	9.7	7.7	0	0	2	修改 删除
湄潭县	2016/01/02	87	83	11.2	7.1	0	0	2	修改 删除
湄潭县	2016/01/03	101	85	12.7	8.8	0	0	2	修改 删除
湄潭县	2016/01/04	116	80	15.5	9.9	0	22	2	修改 删除
湄潭县	2016/01/05	89	86	11.3	6.1	0	0	2	修改 删除
湄潭县	2016/01/06	83	94	10.2	7.6	0.7	0	2	修改 删除
湄潭县	2016/01/07	61	92	7.6	5	2.1	0	2	修改 删除

县城名称: 湄潭县   **日期:** 2016/01/01

A_TEM: 86   **A_RH:** 68

TemMax: 9.7   **TemMin:** 7.7

S_Rain: 0   **S_Sun:** 0

windSpeed: 2

确定

县城名称	日期	A_Tem	A_RH	TemMax	TemMin	S_Rain	S_Sun	windSpeed	数据操作
湄潭县	2016/01/19	48	83	6.5	3.9	0	0	2	修改 删除
湄潭县	2016/01/20	15	92	3.9	0.9	3.3	0	2	修改 删除
湄潭县	2016/01/21	9	92	1.5	0.5	0.9	0	2	修改 删除
湄潭县	2016/01/22	9	89	1.9	0.2	3.5	0	2	修改 删除
湄潭县	2016/01/23	-9	80	0.5	-2.2	3	5	2	修改 删除
湄潭县	2016/01/24	-2	75	2.6	-2.4	2.2	20	2	修改 删除
湄潭县	2016/01/25	3	64	2.1	-1.3	0	0	2	修改 删除
湄潭县	2016/01/26	19	66	4.8	-0.1	0	0	2	修改 删除
湄潭县	2016/01/27	30	74	4.8	1.4	0.5	0	2	修改 删除
湄潭县	2016/01/28	37	88	5	2.4	0	0	2	修改 删除
湄潭县	2016/01/29	42	88	6.2	3	0.7	0	2	修改 删除
湄潭县	2016/01/30	36	83	5.1	2.4	0	0	2	修改 删除

图 6-59 天气状况数据的修改

点击"Excel 导入"按钮，选择 Excel 文件，选择要添加的目标表格，完成数据的批量添加，如图 6－60 所示。

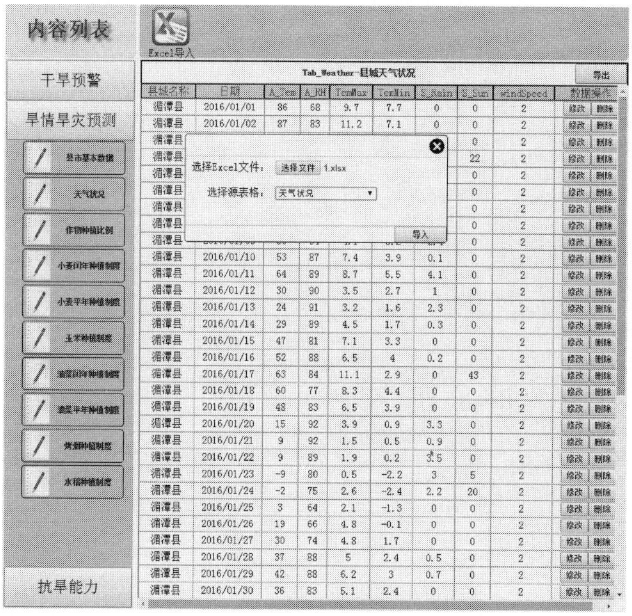

图 6－60　天气状况数据的增加

点击"删除"按钮，实现单条记录的删除。

3. 作物种植比例状况的管理

作物种植比例状况的管理如图 6－61 所示。

图 6－61　作物种植比例状况的管理

点击"修改"按钮，实现单条记录的修改，如图 6-62 所示。

图 6-62 作物种植比例状况的修改

点击"Excel 导入"按钮，选择 Excel 文件，选择要添加的目标表格，完成数据的批量添加，如图 6-63 所示。

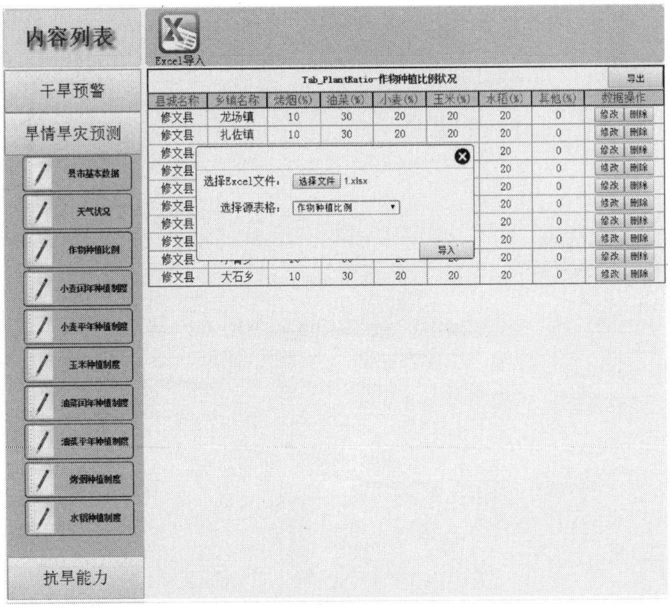

图 6-63 作物种植比例状况的添加

点击"删除"按钮，实现单条记录的删除。

4. 玉米种植制度的管理

玉米种植制度的管理如图 6-64 所示。

图 6-64 玉米种植制度的管理

点击"修改"按钮，实现单条记录的修改，如图 6-65 所示。

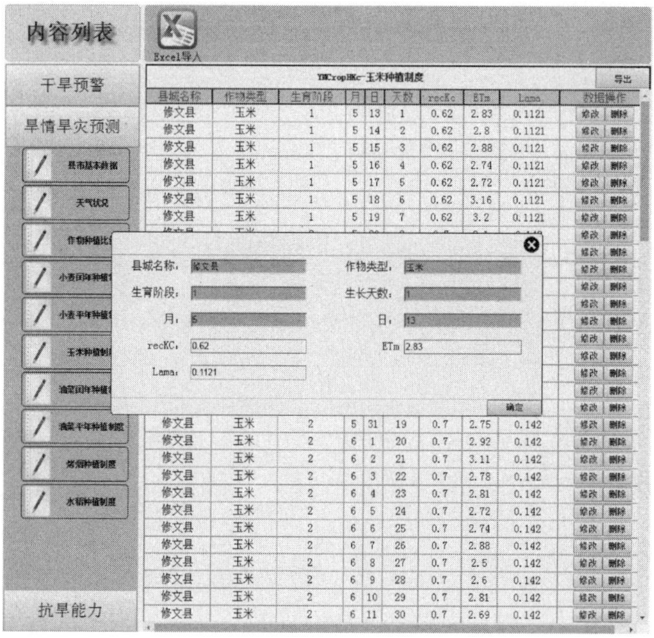

图 6-65 玉米种植制度的修改

点击"Excel 导入"按钮，选择 Excel 文件，选择要添加的目标表格，完成数据的批量添加，如图 6-66 所示。

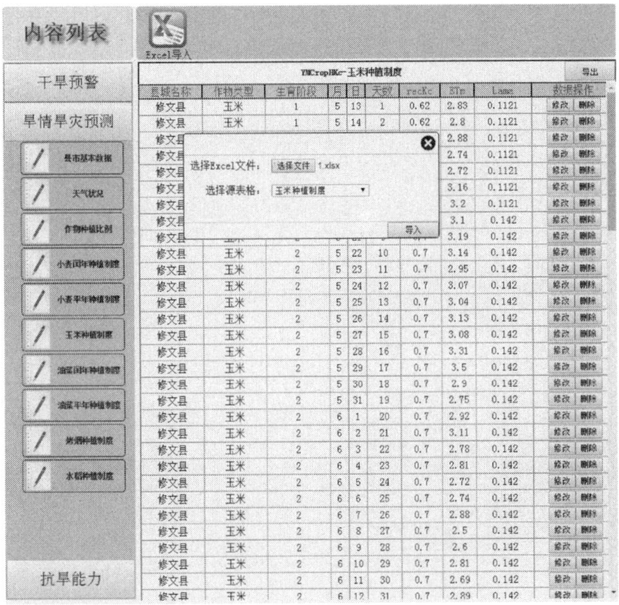

图 6-66 玉米种植制度的添加

点击"删除"按钮，实现单条记录的删除。

5. 油菜种植制度的管理

油菜种植制度的管理如图 6-67 所示。

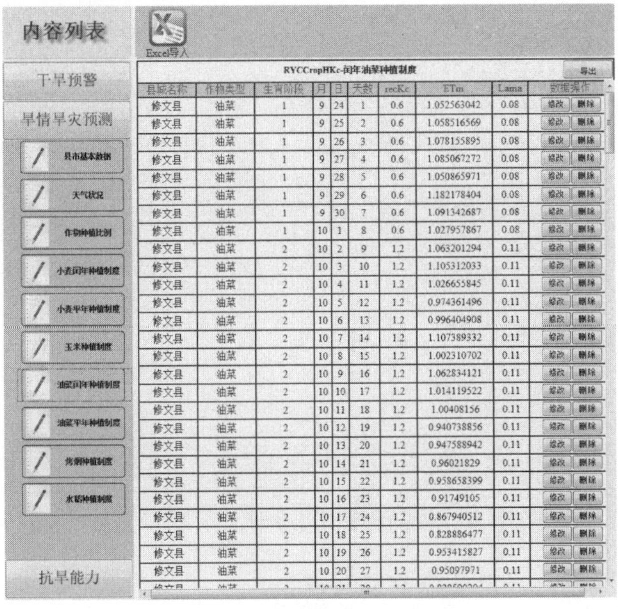

图 6-67 油菜种植制度的管理

点击"修改"按钮，实现单条记录的修改，如图 6-68 所示。

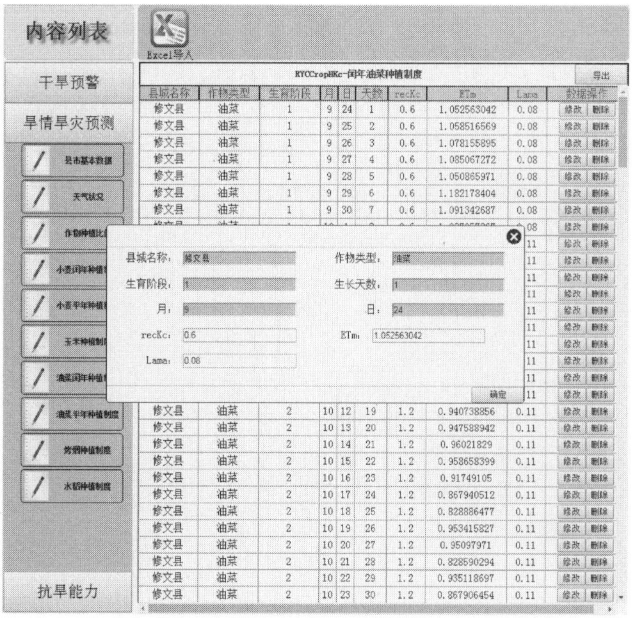

图 6-68　油菜种植制度的修改

点击"Excel 导入"按钮，选择 Excel 文件，选择要添加的目标表格，完成数据的批量添加，如图 6-69 所示。

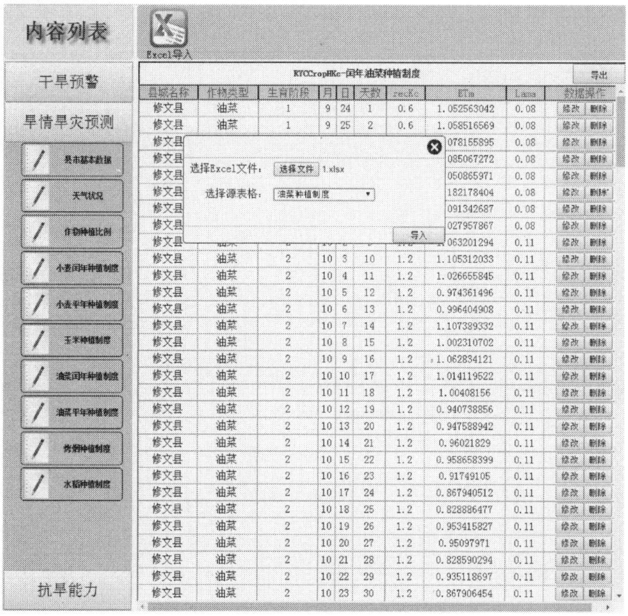

图 6-69　油菜种植制度的增加

点击"删除"按钮，实现单条记录的删除。

6. 烤烟种植制度的管理

烤烟种植制度的管理如图 6 - 70 所示。

图 6 - 70　烤烟种植制度的管理

点击"修改"按钮，实现单条记录的修改，如图 6 - 71 所示。

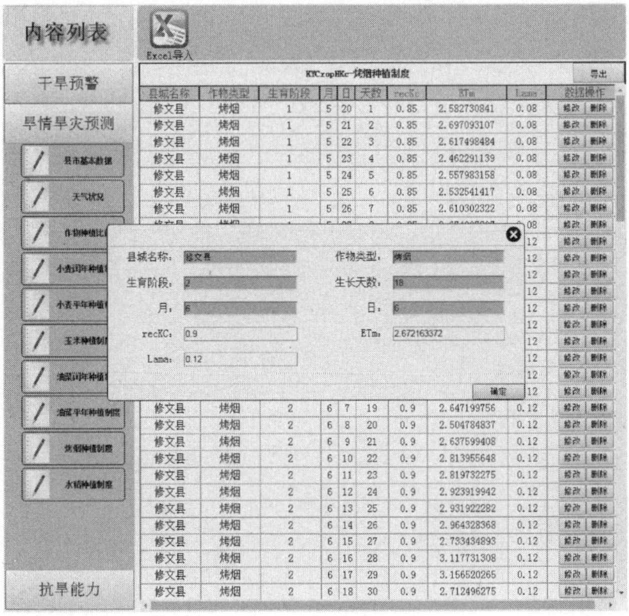

图 6 - 71　烤烟种植制度的修改

点击"Excel 导入"按钮，选择 Excel 文件，选择要添加的目标表格，完成数据的批量添加，如图 6-72 所示。

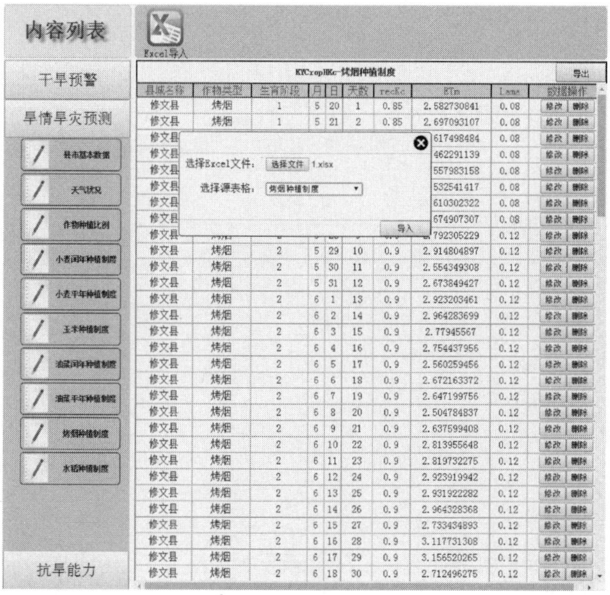

图 6-72　烤烟种植制度的修改

点击"删除"按钮，实现单条记录的删除。

7. 水稻种植制度的管理

水稻种植制度的管理如图 6-73 示。

图 6-73　水稻种植制度的管理

点击"修改"按钮，实现单条记录的修改，如图 6 - 74 所示。

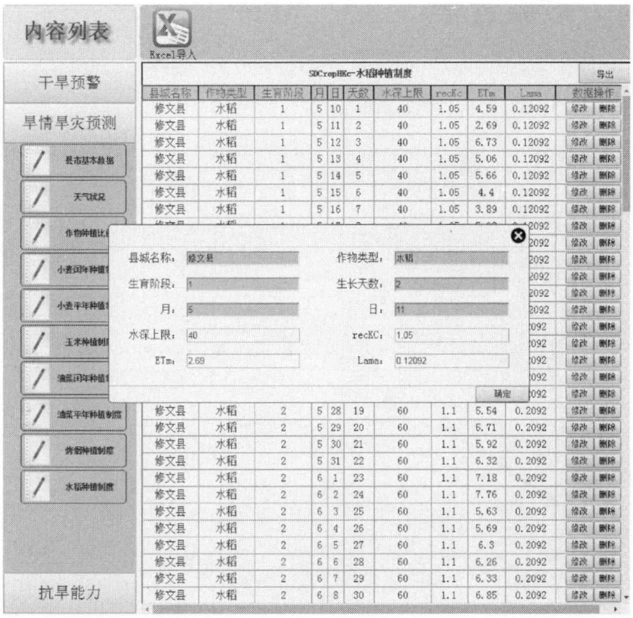

图 7 - 74　水稻种植制度的修改

点击"Excel 导入"按钮，选择 Excel 文件，选择要添加的目标表格，完成数据的批量添加，如图 6 - 75 所示。

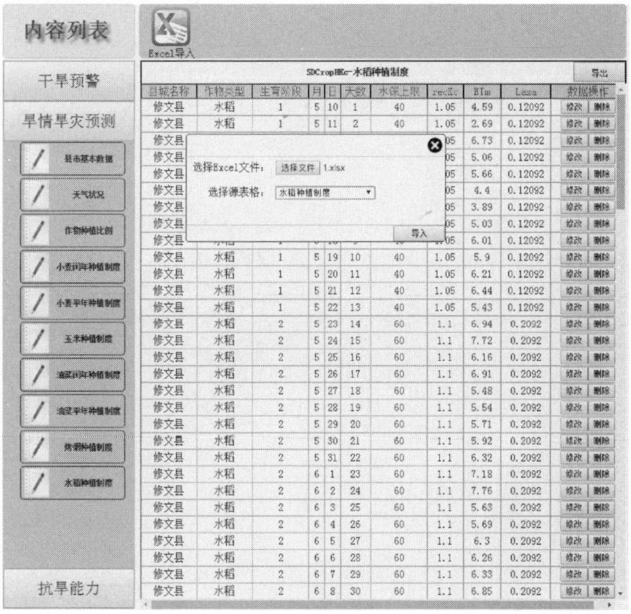

图 6 - 75　水稻种植制度的增加

点击"删除"按钮，实现单条记录的删除。

6.5.4 抗旱能力数据管理

抗旱能力数据管理如图6-76所示。

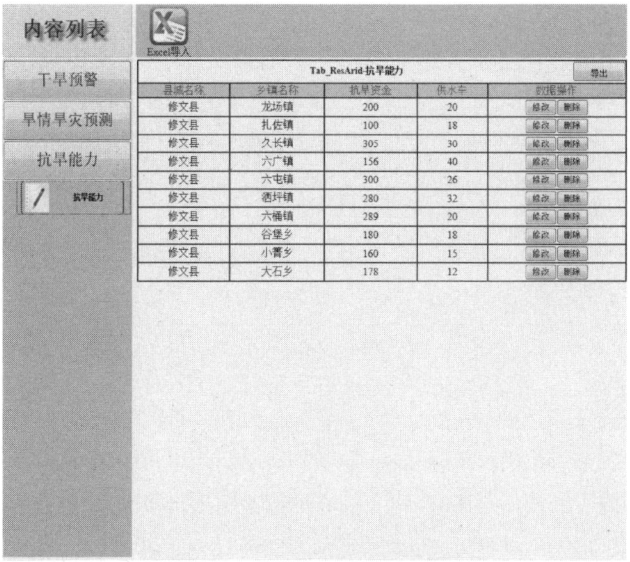

图6-76 抗旱能力数据管理

点击"修改"按钮，实现单条记录的修改，如图6-77所示。

图6-77 抗旱能力数据修改

点击"Excel 导入"按钮，选择 Excel 文件，选择要添加的目标表格，完成数据的批量添加，如图 6-78 所示。

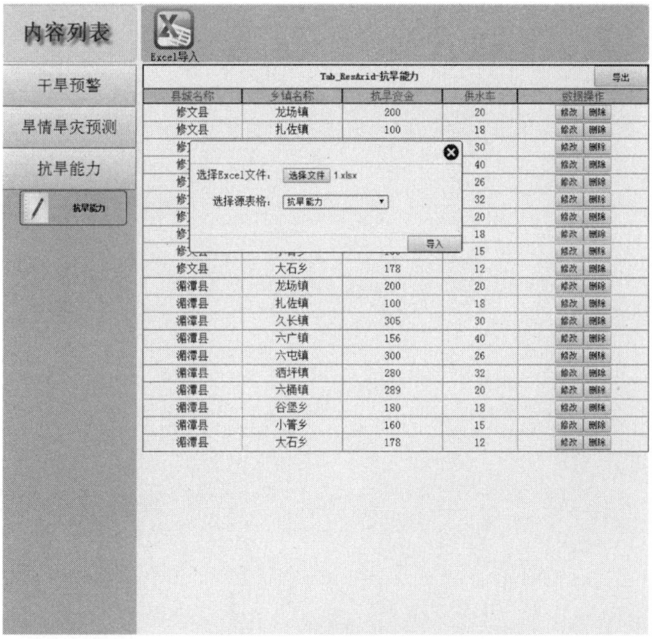

图 6-78　抗旱能力数据增加

点击"删除"按钮，实现单条记录的删除。

第 7 章

结　　论

7.1 主要成果

（1）本书基于逐日的天气状况与气象要素资料，按季节性特定对其进行统计学分析，构建了利用未来多日的天气预报结果预测气象要素的方法，提高了干旱定量预测计算因子（作物耗水量和降水量）的精确性。

（2）本书基于实时墒情监测数据和水量平衡、作物耗水、作物生产函数等理论，构建了喀斯特地区农业干旱和旱灾预测方法，实现了预测参数（降水有效利用系数和作物系数等）的反向调节，提高了预测参数的准确性，同时，根据实测墒情，动态调节初始土壤含水率，实现了模拟初始值对实际值的动态追踪，避免了预测结果的误差累积效应。

（3）本书在贵州典型区干旱预警研究方面，利用集对分析可展性，引入同化度等概念建立了多元集对分析模糊预警模型，并采用层次分析法（AHP）确定各指标权重。应用该模型对贵州省修文县、兴仁县和湄潭县各乡镇 2013 年 8 月上旬、中旬、下旬发生干旱情况进行干旱预警。

（4）本书构建系统是基于 B/S 架构的 WebGIS 系统，采用 ArcGIS Server 发布地图服务，应用 JavaScript 技术引用地图服务，进行前端设计和展示，通过 WCF 技术实现前台页面与后台数据之间的交互，将旱情旱灾预测、干旱预警等以 WCF 服务模式实现。

（5）本书基于水量平衡原理的旱情旱灾预测服务模块的开发与应用。基于水量平衡原理，将该旱情旱灾预测模型通过后台程序开发，以 WCF 服务模式实现，进行未来 5～10d 旱情灾情预测。基于集合分析原理，实现干旱预警模块的开发。该功能实现了干旱预警分析，并将未来旬干旱预警结果和实际发生的干旱等级存入后台数据库，为预警结果分析和模型校正提供数据支持。

7.2 展望

（1）进一步提高复杂地形下各种气象要素的斑块处理精度。在现有技术条件下，本书在处理地形和气象要素时，往往将一个县域概化成一个斑块，造成了在同一县域范围内将地形和气象概化成同一种状态，而忽略了县域范围内不同空间、不同地形条件下气象因素的差异性，对研究成果的精度产生了一定影响。随着现代卫星遥感技术的快速发展，气象站网、水文站网等的进一步完善，在以后的研究中，将斑块范围进一步细化，充分考虑在不同空间、地形条件下气象要素的差异性，进一步提高成果研究精度。

（2）农业是国民经济中的第一产业，其产品及经济效益主要是通过露天作业的方式取得，而供水保证程度则相对处于弱势，因此，其也是受旱灾影响最大的部门。基于此，本书着重对农业旱灾进行了重点分析，对贵州省农业干旱灾害风险进行区划，对典型县农业干旱灾害风险进行了评估等；旱灾对贵州省城乡居民生活、工业、社会治安及生态环境等各行业均产生不同程度的影响，如旱灾容易导致农产品物价上涨，工业生产供水不足，涉水旅游业遭受重创等。因此，在今后的旱灾研究中，也要加大旱灾对其他行业的影响研究深度和广度。

参 考 文 献

[1] Allen R G，Pereira L S，Raes D，et al. Guidelines for computing crop water requirements – FAO Irrigation and drainage paper 56，FAO – Food and Agriculture Organisation of the United Nations，Rome (http：//www. fao. org/docrep) ARPAV (2000)，La caratterizzazione climatica della Regione Veneto，Quaderni per [J]. Geophysics，1998 (156)：178.

[2] Allen R G，Smith M，Perrier A，et al. An update for the definition of reference evapotranspiration [J]. ICID bulletin，1994，43 (2)：1 –34.

[3] Grismer M E，Orang M，Snyder R，et al. Pan evaporation to reference evapotranspiration conversion methods [J]. Journal of Irrigation and Drainage Engineering，2002，128 (3)：180 – 184.

[4] Hargreaves G H，Allen R G. History and evaluation of Hargreaves evapotranspiration equation [J]. Journal of Irrigation and Drainage Engineering，2003，129 (1)：53 – 63.

[5] Snyder R L. Equation for evaporation pan to evapotranspiration conversions [J]. Journal of Irrigation and Drainage Engineering，1992，118 (6)：977 – 980.

[6] 丁一汇，任国玉，赵宗慈，等. 中国气候变化的检测及预估 [J]. 沙漠与绿洲气象，2007，1 (1)：1 – 10.

[7] 陈隆勋，朱文琴，王文，等. 中国近 45 年来气候变化的研究 [J]. 气象学报，1998，56 (3)：257 – 271.

[8] 翟盘茂，潘晓华. 中国北方近 50 年温度和降水极端事件变化 [J]. 地理学报，2003，58 (增刊)：1 – 10.

[9] 史东超. 河北省唐山市干旱状况与旱灾成因分析 [J]. 安徽农业科学，2011，39 (8)：4684 – 4686.

[10] 韩萍，王鹏新，王彦集，等. 多尺度标准化降水指数的 ARIMA 模型干旱预测研究 [J]. 干旱地区农业研究，2008，26 (2)：212 – 218.

[11] 许文宁，王鹏新，韩萍，等. Kappa 系数在干旱预测模型精度评价中的应用——以关中平原的干旱预测为例 [J]. 自然灾害学报，

2011，20（6）：81 - 86.

[12] 李艳春，桑建人，舒志亮．用最长连续无降水日建立宁夏的干旱预测概念模型 [J]．灾害学，2008，23（1）：10 - 13.

[13] 王澄海，王芝兰，郭毅鹏．GEV 干旱指数及其在气象干旱预测和监测中的应用和检验 [J]．地球科学进展，2012，27（9）：957 - 968.

[14] 李俊亭，竹磊磊，李晔．河南省春季降水的气候特征及干旱预测 [J]．人民黄河，2010，32（12）：68 - 70.

[15] 陈涛，刘兰芳，肖兰，等．利用环流特征量进行衡阳干旱预测及其系统开发 [J]．贵州气象，2008，32（1）：21 - 23.

[16] 杨娟．贵州旱涝灾害监测指标及其应用 [J]．贵州气象，2009，33（6）：3 - 6.

[17] 龙俐，李霄，张东海，等．贵州省综合气象干旱阈值修订研究 [J]．贵州气象，2014，38（6）：13 - 15.

[18] 赵同应，王华兰，魏宗记，等．山西省农业干旱预测模式 [J]．中国农业气象，1998，19（3）：43 - 47.

[19] 景毅刚，张树誉，乔丽，等．陕西省干旱预测预警技术及其应用 [J]．中国农业气象，2010，31（1）：115 - 120.

[20] 杨太明，陈金华，李龙澍．安徽省干旱灾害监测及预警服务系统研究 [J]．气象，2006，32（3）：113 - 117.

[21] 胡家敏，李继新，陈中云，等．贵州省植烟土壤干旱预测模型初步研究 [J]．水利水电科技进展，2010，30（5）：45 - 49.

[22] 祁宦，朱延文，王德育，等．淮北地区农业干旱预警模型与灌溉决策服务系统 [J]．中国农业气象，2009，30（4）：596 - 600.

[23] 王玉萍，房军．烤烟栽培保水抗旱技术研究 [J]．西南农业学报，2009，22（6）：1542 - 1545.

[24] 于飞．贵州省农业气象灾害风险分析及区划 [D]．贵州：贵州大学，2009.

[25] 李涵茂，方丽，贺京，等．基于前期降水量和蒸发量的土壤湿度预测研究 [J]．中国农学通报，2012，28（14）：252 - 257.

[26] 刘建栋，王馥棠，于强，等．华北地区农业干旱预测模型及其应用研究 [J]．应用气象学报，2003，14（5）：593 - 604.

[27] 康西言，李春强，马辉杰，等．基于作物水分生产函数的冬小麦干旱评估模型 [J]．中国农学通报，2011，27（8）：274 - 279.

[28] 赵艳霞，王馥棠，裘国旺．冬小麦干旱识别和预测模型研究 [J]．应用气象学报，2001，12（2）：234 - 241.

[29] 张秉祥. 河北省冬小麦干旱预测技术研究 [J]. 干旱地区农业研究, 2013, 31 (2): 231 - 237.

[30] 王备, 高文明, 龙俐. 黔西南州越冬作物生长季气象干旱特征分析 [J]. 贵州气象, 2011, 35 (1): 18 - 20.

[31] 张遇春, 张勃. 黑河中游近 49 年降水序列变化规律及干旱预测——以张掖市为例 [J]. 干旱区资源与环境, 2008, 22 (1): 84 - 88.

[32] 刘俊民, 苗正伟, 崔娅茹. GM (1, 1) 模型在宝鸡峡灌区干旱预测中的应用 [J]. 人民黄河, 2008, 30 (3): 52 - 55.

[33] 王英, 迟道才. 应用改进的灰色 GM (1, 1) 模型预测阜新地区干旱发生年 [J]. 节水灌溉, 2006 (2): 24 - 25.

[34] 王彦集, 刘峻明, 王鹏新, 等. 基于加权马尔可夫模型的标准化降水指数干旱预测研究 [J]. 干旱地区农业研究, 2007, 25 (5): 198 - 203.

[35] 姜翔程, 陈森发. 加权马尔可夫 SCGM (1, 1) ——c 模型在农作物干旱受灾面积预测中的应用 [J]. 系统工程理论与实践, 2009, 29 (9): 179 - 184.

[36] 汪哲荪, 周玉良, 金菊良, 等. 改进马尔可夫链模型在梅雨和干旱预测中的应用 [J]. 水电能源科学, 2010, 28 (11): 1 - 4.

[37] 罗哲贤, 马镜娴. 混沌动力学及其在干旱预测中的应用 [J]. 甘肃气象, 1997, 15 (3): 1 - 4.

[38] 田苗, 王鹏新, 侯姗姗, 等. 基于相空间重构与 RBF 神经网络模型的面上干旱预测研究 [J]. 干旱地区农业研究, 2013, 31 (6): 164 - 168.

[39] 侯姗姗, 王鹏新, 田苗. 基于相空间重构与 RBF 神经网络的干旱预测模型 [J]. 干旱地区农业研究, 2011, 29 (1): 224 - 230.

[40] 樊高峰, 张勇, 柳苗, 等. 基于支持向量机的干旱预测研究 [J]. 中国农业气象, 2011, 32 (3): 475 - 478.

[41] 迟道才, 张兰芬, 李雪, 等. 基于遗传算法优化的支持向量机干旱预测模型 [J]. 沈阳农业大学学报, 2013, 44 (2): 190 - 194.

[42] 张国桃. 雷州半岛干旱特性及预测研究 [D]. 武汉: 武汉大学, 2004.

[43] 迟道才, 张宁宁, 袁吉, 等. 时间序列分析在辽宁朝阳地区干旱灾变中的应用 [J]. 沈阳农业大学学报, 2006, 37 (4): 627 - 630.

[44] 魏凤英. 华北干旱的多时间尺度组合预测模型 [J]. 应用气象学报, 2003, 14 (5): 583 - 592.

[45] 李军，张和喜，蒋毛席，等．基于 ARIMA 模型的贵州省黄壤墒情预测研究 [J]．人民黄河，2010，32（8）：73-75．

[46] 吴战平，何玉龙，严小冬，等．贵阳旱涝气候变化特征及其趋势分析 [J]．贵州师范大学学报：自然科学版，2014，32（6），30-34．

[47] 郝润全，白美兰，乌兰巴特尔．内蒙古地区农业干旱预测方法研究 [J]．干旱区资源与环境，2006，20（4）：92-96．

[48] 张存杰，董安祥，郭慧．西北地区干旱预测的 EOF 模型 [J]．应用气象学报，1999，10（4）：503-508．

[49] 赵俊芳，郭建平．内蒙古草原生长季干旱预测统计模型研究 [J]．草业科学，2009，26（5）：14-19．

[50] 李玉爱，郭志梅，栗永忠，等．大同市短期农业气候干旱预测系统 [J]．山西气象，2001（1）：38-42．

[51] 彭高辉，张振伟，马建琴，等．基于可公度理论的安徽省干旱预测 [J]．水电能源科学，2012，30（9）：6-8．

[52] 王志南，朱筱英，柳达平，等．基于干旱自然过程的干旱指数研究和应用 [J]．南京气象学院学报，2007，30（1）：134-139．

[53] 林盛吉，许月萍，田烨，等．基于 Z 指数和 SPI 指数的钱塘江流域干旱时空分析 [J]．水力发电学报，2012，31（2）：20-26．

[54] 韩爱梅，宋喜柱，原文国．晋中市主要秋作物生育关键期干旱预测系统研究 [J]．山西农业科学，2007，35（10）：53-55．

[55] 白玉双，马建，武金贤，等．呼伦贝尔地区春末至初夏干旱气候特征及预测 [J]．内蒙古农业科技，2007（7）：51-53．

[56] 刘义军，唐洪．西藏农区初夏干旱预测热力概念模型的研究 [J]．西藏科技，2003（4）：51-56．

[57] 龚宇，张红红．区域作物旱灾产量和经济损失定量估算——以唐山地区为例 [J]．中国农学通报，2010，26（23）：375-379．

[58] 段晓凤，刘静，张晓煜，等．基于旱灾指数的宁夏小麦产量分析 [J]．干旱气象，2012，30（1）：71-76．

[59] 丛建鸥，李宁，许映军，等．干旱胁迫下冬小麦产量结构与生长、生理、光谱指标的关系 [J]．中国生态农业学报，2010，18（1）：67-71．

[60] 薛昌颖，霍治国，李世奎，等．华北北部冬小麦干旱和产量灾损的风险评估 [J]．自然灾害学报，2003，12（1）：131-139．

[61] 蒲金涌，邓振镛，姚小英，等．甘肃省冬小麦生态气候分析及适生种植区划 [J]．干旱地区农业研究，2005，23（1）：179-186．

[62] 肖志强，尚学军，樊明，等．陇南春旱指数与冬小麦产量关系及预测研究 [J]．中国农业气象，2002，23（1）：9-11．

[63] 金彦兆，王亚竹，王军德．基于旱灾面积的粮食损失评估模型研究 [J]．人民黄河，2010，32（11）：21-22．

[64] 张琪，张继权，严登华，等．朝阳市玉米不同生育阶段干旱灾害风险预测 [J]．中国农业气象，2011，32（3）：451-455．

[65] 徐启运，张强．中国干旱预警系统研究 [J]．中国沙漠，2005，25（5）：785-789．

[66] 顾颖，刘静楠，薛丽．农业干旱预警中风险分析技术的应用研究 [J]．水利水电技术，2007，38（4）：61-64．

[67] 王让会，卢新民．干旱区自然灾害监测预警系统的一般模式——以塔里木盆地为例 [J]．干旱区资源与环境，2002，16（4）：64-68．

[68] 王石立，娄秀荣．华北地区冬小麦干旱风险评估的初步研究 [J]．自然灾害学报，1997，6（3）：63-68．

[69] 厉玉升，杨继武，罗新兰，等．玉米生育模拟模式区域应用研究之水分利用子模式 [J]．河南气象，2000（1）：29-30．

[70] 李凤霞，伏洋，冯蜀青．青海省干旱服务系统设计与建立 [J]．青海气象，2003（4）：42-48．

[71] 冯蜀青，殷青军，肖建设，等．基于温度植被旱情指数的青海高寒区干旱遥感动态监测研究 [J]．干旱地区农业研究，2006，24（5）：141-145．

[72] 杨启国，杨金虎，魏锋，等．甘肃河东地区春小麦生育期干旱指数的时空特征 [J]．干旱区研究，2006，23（4）：644-649．

[73] 席北风，贾香凤，武书龙，等．干旱预警指标初探 [J]．山西水利，2007，23（5）：12-13．

[74] 杨永生．粤北地区干旱监测及预警方法研究 [J]．干旱环境监测，2007，21（2）：79-82．

[75] 张继权，严登华，王春乙，等．辽西北地区农业干旱灾害风险评价与风险区划研究 [J]．防灾减灾工程学报，2012，32（3）：300-306．

[76] 桑国庆．区域干旱风险管理研究 [D]．济南：山东大学，2006．

[77] 吕娟．我国干旱问题及干旱灾害管理思路转变 [J]．中国水利，2013（8）：7-13．

[78] 李智飞，胡泽华．旱涝事件主客体系统研究 [J]．珠江现代建设，2013（4）：10-14．

[79] 王玉萍，李荣，杨静．干旱对贵州省经济社会发展的影响 [J]．水利发展研究，2006，6（11）：23-25.

[80] 王玉萍，王群，李荣，等．解决贵州省旱灾问题的思路及战略重点 [J]．人民珠江，2007（5）：18-20.

[81] 杨静，郝志斌．2009—2010 年贵州旱情等级评估 [J]．中国水利，2012（21）：46-50.

[82] 王玉萍，商崇菊，郝志斌，等．论贵州水利建设与防灾减灾体系建设 [J]．中国农村水利水电，2013（3）：103-106.

[83] 李天霄，付强，孟凡香，等．黑龙江省降水变化趋势及其对农业生产的影响研究 [J]．灌溉排水学报，2017，36（5）：103-108.

[84] 唐国华，胡振鹏．气候变化背景下鄱阳湖流域历史水旱灾害变化特征 [J]．长江流域资源与环境，2017，26（8）：1274-1283.

[85] 王立坤，宋瑞丽，裴巍，等．基于改进 TOPSIS 模型的黑龙江省西部半干旱地区农业旱灾脆弱性评价 [J]．东北农业大学学报，2018（1）：66-73.

[86] 黄路梅，梁虹，焦树林，等．基于可变模糊和灰色理论的贵州省农业旱灾脆弱性评价 [J]．江苏农业科学，2017，45（4）：239-243.

[87] 赵宗权，周亮广．江淮分水岭地区旱灾风险评估 [J]．水土保持研究，2017（1）：370-375.

[88] 张维诚，许朗．基于 ArcGIS 的河南省夏玉米旱灾承灾体脆弱性研究 [J]．水土保持研究，2018（2）：228-234.

[89] 殷鹏远，韩丽娜，易嘉成．灰色预测系统 GM（1，1）模型在洛阳地区旱灾预测中的应用 [J]．地下水，2017，39（6）：191-194.

[90] 殷鹏远．线性回归模型和灰色预测系统 GM（1，1）模型在旱灾预测中的比较应用 [J]．地下水，2018，40（1）：203-205.

[91] 蒋尚明，袁宏伟，崔毅，等．基于相对生长率的大豆旱灾系统敏感性定量评估研究 [J]．大豆科学，2018，37（1）：92-100.

[92] 崔毅，蒋尚明，金菊良，等．基于水分亏缺试验的大豆旱灾损失敏感性评估 [J]．水力发电学报，2017，36（11）：50-61.

[93] 王亚许，吕娟，孙洪泉，等．基于 APSIM 模型的辽宁省玉米旱灾风险评估 [J]．灾害学，2017（3）：230-234.

[94] 潘东华，贾慧聪，陈方，等．中国西南地区石漠化对玉米旱灾风险的影响 [J]．农业工程学报，2017，33（23）：172-178.

[95] 中华人民共和国水利部．SL 424—2008 旱情等级标准 [S]．2009：3.

［96］ 古书鸿，胡家敏，古埜，等．基于土壤含水量模拟的贵州山区旱地农业干旱监测方法［J］．干旱气象，2017，35（1）：29-35.

［97］ 顾颖．风险管理是干旱管理的发展趋势［J］．水科学进展，2006，17（2）：296-298.

［98］ 唐明，邵东国．旱灾风险管理的基本理论框架研究［J］．江淮水利科技，2008（1）：7-9.

［99］ 张强，潘学标，马柱国，等．干旱［M］．北京：气象出版社，2009.

［100］ 国家防汛抗旱总指挥部办公室．防汛抗旱专业干部培训教材［M］．北京：中国水利水电出版社，2010.

［101］ 宫兴龙，付强，孙爱华，等．自然-社会水循环模型估算平原-丘陵-湿地区水稻种植潜力［J］．农业工程学报，2019，35（1）：138-147.

［102］ 韩芳芳，刘秀花，马成玉．不同降雨历时梯田和坡耕地的土壤水分入渗特征［J］．干旱地区农业研究，2012，30（4）：14-19.

［103］ 何祖明，赵景波．山东省东部地区1961—2014年极端气温变化［J］．自然灾害学报，2017，26（2）：123-133.

［104］ 康绍忠，张富仓，刘晓明．作物叶面蒸腾与棵间蒸发分摊系数的计算方法［J］．水科学进展，1995，6（4）：285-289.

［105］ 雷志栋，杨诗秀．非饱和土壤水一维流动的数值计算［J］．土壤学报，1982，19（2）：141-153.

［106］ 李熙春，尚松浩．华北冬小麦—夏玉米农田水分动态模拟研究［J］．灌溉排水学报，2003，22（5）：10-16.

［107］ 王素萍，王劲松，张强，等．几种干旱指标对西南和华南区域月尺度干旱监测的适用性评价［J］．高原气象，2015（6）：1616-1624.

［108］ 肖永丽，熊耀湘．地下水浅埋区稻田土壤水分运动模拟［J］．云南农业大学学报，2005，20（2）：214-218.

［109］ 徐建新，尚崇菊，王小东，等．喀斯特地区农业旱灾机理与抗旱减灾管理——以贵州省为例［M］．北京：科学出版社，2017.

［110］ 杨霞，邵东国，徐保利．东北寒区黑土稻田土壤水分剖面二维运动规律研究［J］．水利学报，2018，49（8）：1017-1026.